光 子 信 息

——关于光子是物质组装信息传递载体的推想

刘仁志　著

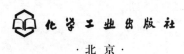

化学工业出版社

·北京·

光子是与宇宙、自然界和人类密切相关的基本粒子，比电子与人类社会有更高关联度，当代很多高科技最终都与光子技术有关。那么，光子与宇宙起源、元素形成、物质自组装、量子物理、信息学、生物学、遗传学等许多高科技领域都有什么样的渊源和交集？光子都承载哪些重要的信息？人们需要全面和深入地去认识光子。

本书就是向读者全面介绍光子在诸多领域中所扮演的角色，让读者在全面认识光子的同时，获得许多科技前沿的信息。本书提出了一些新观点和新思路，包括对暗物质的猜测等对诸多领域的学者、研究生和相关专业的读者，包括对科学探索抱有浓厚兴趣的青少年读者，都是极为有益的一本参考书。

图书在版编目（CIP）数据

光子信息：关于光子是物质组装信息传递载体的推想 / 刘仁志著 .—北京：化学工业出版社，2019.1
ISBN 978-7-122-33228-8

Ⅰ.①光…　Ⅱ.①刘…　Ⅲ.①光子-普及读物
Ⅳ.① O572.31-49

中国版本图书馆 CIP 数据核字（2018）第 250329 号

责任编辑：薛　慧　段志兵　　　　　装帧设计：韩　飞
责任校对：宋　玮

出版发行：化学工业出版社（北京市东城区青年湖南街13号　邮政编码100011）
印　　刷：北京京华铭诚工贸有限公司
装　　订：三河市振勇印装有限公司
710mm×1000mm　1/16　印张12¾　字数181千字
2019年2月北京第1版第1次印刷

购书咨询：010-64518888　　售后服务：010-64518899
网　　址：http://www.cip.com.cn
凡购买本书，如有缺损质量问题，本社销售中心负责调换。

定　　价：49.80元

前言

　　摆在读者面前的这本谈论光量子的小书，初稿是于2016年8月15日15时09分完稿的。第二天凌晨，即2016年8月16日1时40分，我国在酒泉卫星发射中心用长征二号丁运载火箭，成功将世界首颗量子科学实验卫星"墨子号"发射升空。此次发射任务的成功，标志着我国空间科学研究又迈出重要一步。

　　量子卫星是中国科学院空间科学先导专项首批科学实验卫星之一，其主要科学目标是借助卫星平台，进行星地高速量子密钥分发实验，并在此基础上进行广域量子密钥网络实验，以期在空间量子通信实用化方面取得重大突破；在空间尺度进行量子纠缠分发和量子隐形传态实验，开展空间尺度量子力学完备性检验的实验研究。这些研究的理论意义比实用价值更为重要，因为这些研究有可能解开人类一直心存的困惑。

　　在科学技术高度发达的今天，人类的自信有增无减。许多以往被认为只能是"神迹"的事情，现代人已经都能够做到。但是，如此高度发达的科技，并没有能完满地回答人类一直心存的困惑：我们是谁？我们从哪里来？我们到哪里去？

　　很多人曾经从不同角度解答过这个问题，从哲学、社会学、历史学、生物学等诸多领域给出了答案。但是，在一些关键的节点上，很难自圆其说。这些节点无一例外地给了"神"以很大想象空间。无论是"第一推动力"还是"掷骰子"，再高明的科学家，有时都不得不借助"上帝之手"。

当然，除了自信，人类还有强烈的好奇心。对于喜欢刨根问底的当代人，再用"神"来搪塞，恐怕是难以过关的。面对任何一种解答，人们既要有合理的逻辑，又要有科学的实证。对于任何一款"魔匣子"，说里边装有芯片，比说里边藏有小仙女更令人信服。就拿我们的智能手机来说，无论它给您带来了多大的方便、快乐或烦恼，也不管它能让你与地球另一端的亲朋好友视频聊天还是让你能支付订房、用餐、购物的费用，单是它能给你在完全陌生的城市导航指路和拍摄眼前的美景，就已经足够令人吃惊了。但是，这个小小的掌上之物，只不过是当代科技的一个缩影。智能手机是凝聚了一系列关于集成电路、芯片、电子通信、材料、现代制造工艺等各种理论知识和技术的产品。对这些技术，大家心悦诚服，没有任何怀疑。手机很"神奇"，那是因为它是科学技术的结晶。现在，对任何令人感到"神奇"的事物的解析，最好的语言就是科学。

　　因此，当我们企图满足读者的好奇心的时候，需要特别小心，只能坚持沿着科学的路径去攀登，即使是崎岖小路，也不要放弃。这样，当我们掩卷静思的时候，才会对所关注的问题有所领悟。即使没有得到满意的答案，也能看到再去求解的方向，那就是，始终坚持从科学中寻求答案。

　　确实，当我们用手机随时随地收发电子邮件、微信，发博客、微博，进行QQ聊天，用手机导航、上网、划拨资金等等，你觉得这是很自然的事。你还可以将你的信息"群发"，建立起个体与群体之间的超时空的连接。你会感到这种"超距离"的无线连接和交流是多么的奇妙。是的，信息可以这样在空间飞速往来、散布，却很少有人会问"为什么？"这是因为大家都知道，这是电子技术迅猛发展的结果，是人类进入信息化和智能化时代的技术基础，有强大的科学技术为其背景。

使用手机的人最希望的是不要掉"线"和不要延迟。更希望手机信息安全，希望手机有更强大的功能和更高明的保密技巧。是的，大家都希望"更快更高更强"。那么，发射量子卫星进行量子通信实验，正是为了满足人类的这种愿望。真可谓"思想有多远，我们就能走多远"。

不过，要想实现这种愿望，只靠电子已经做不到了。人们得请出光子来帮忙。

光子能够做到？是的，光子不只是能够做到，而且它早已经做到了。它所能做到的，可能大大超出我们所学的物理常识和传统知识结构。它的普惠性可以用一个简单的例子说明，当你在一间暗屋子打开一盏灯，立马满屋充满光明。凡是光所能照射到的地方，就受惠于光。

而光子，就是组成光的基本粒子，也被科学家称为光量子。量子现象，很大程度上说的就是光子现象，或者说是通过研究光子得出的粒子量子化理论。光子是非常独特的，是宇宙物质中"独一无二"的（任何其他基本粒子都至少有3种以上，光子只有一种）。

光子是宇宙大爆炸时最先产生出来、最大量的基本粒子。

早在人类发现电子并操控电子以前很久很久，还在宇宙的"洪荒时代"，光子就已经在宇宙做到物质个体与个体之间、个体与群体之间的信息交流，唤醒物质的自组装，推进着宇宙的进化。这就是光子的神奇，是宇宙创造的神奇，这就是这本书要告诉读者的。

令人欣喜的是，在这本书历经推敲，将交付出版之际，传来了我国"墨子号"量子卫星取得重大科研成果的好消息。

2017年6月15日发布的美国《科学》杂志封面上，"墨子号"从星空向地面发出两道光，宛如两条长腿跨出一大步，也象征量子通信向实用迈进一大步。杂志刊发了中国科学技术大学教授、量子卫星项目首席科学家潘建伟等人的论文。

　　随后，中国科学院宣布，"墨子号"量子卫星完成预先设定的三大科学目标，这一人类科学领域的重大成果于2017年8月10日发表在国际权威学术期刊《自然》上。

　　我国在量子科技上的这个重要进展具有划时代的意义，无论是在改变当代通信模式的应用还是在量子物理的基础理论方面，其影响都是深远的。随着人们对量子现象关注度的增长，这本关于光子信息的科普小书也许有抛砖引玉的作用。诚如是，则正是作者所愿。

刘仁志

目录

01 / 第一章

自 组 装

从雪花说起

2015年冬天，武汉难得地下了一场雪。

孩子们对下雪有着天然的喜欢。当时我和5岁的外孙女正在自家的阳台上，她高兴地拍手跳跃，兴高采烈。飘飘下落的雪花装扮出的银色世界确实美丽壮观。看着落在绿色栏杆上的雪花一片一片地堆积，我对她讲雪花与冰箱里的冰是一样的东西，但它的形状是美丽的六边形的花样。

"为什么？"这是外孙女经常会提出的问题。

"为什么冰箱的冰不是花一样的？"她也会进一步地提问。

我一向主张对孩子也要用正确的术语回答，而不要编那些想当然的话语回答他们。我说："天空中的环境条件与冰箱里的环境条件不一样。形成雪花需要一定的环境条件。"

"什么是环境条件？"她紧追不放。

"就是温度啊、水汽浓度啊、结晶晶核啊。有了晶核才能长出美丽的冰花"。我尽我所知回答。

"为什么会长出美丽的冰花？"她要一问到底。

这时我语塞了。是的，下雪时，天空中的水汽结晶过程中为什么要组成规则的六角形冰花？

"也许大自然是爱美的吧"，我自言自语地说。因为我不确定这样的回答是否是雪花形成的真相。

看着不断飘落的雪花，思考着外孙女的提问，我联想到最近几年正在关注的分子自组装方面的信息，忽然觉得以雪花为引子，也许是探索物质自组装过程的一个很好的起点。

那就让我们从雪花开始吧。

为什么要从雪花开始？因为雪花是大自然中生成的一种物质。下雪是一种自然现象，没有假手于人。在地球上还没有人类的时候，雪花就曾经无数次飘落。这不会有人怀疑。地质考察也早就证明，地球曾经经历过多个冰河期，其中最近的冰河期已经有动物可以见证，但是还没有证据证明当时已经有人类。总之，雪花是不依人的意志而存在的有规则而又美丽的自然生成物。

现在，我们知道雪花是水的形态之一，是固态的水。但是，它为什么会形成如此美丽规则的图形（图1-1），还没有完全令人信服的答案。

图1-1 各种雪花结晶

人们已经可以精确地知道每片雪花的重量、尺寸。例如，单个雪花的直径通常在0.05 ~ 4.6毫米之间，单个重量只有0.2 ~ 0.5克。也知道空中形成雪花必须具备两个条件：一个是水汽饱和，空气在某一个温度下所能包含的最大水汽量，叫做饱和水汽量；空气达到饱和时的温度，叫做露点；饱和的空气冷却到露点以下的温度时，空气里就有多余的水汽变成水滴或冰晶。在高空低温环境里，冰晶比水滴更容易产生。另一个是空气里必须有凝结核，如果没有凝结核，空气里的水汽过饱和到相对湿度500%以上的程度，才有可能凝聚成水滴。但这样大的过饱和现象在自然大气里是不会存在的。所以没有凝结核的话，我们地球上就很难见到雨雪。凝结核是一些悬浮在空中的很微小的固体微粒。最理想的凝结核是那些吸收水分最强的物质微粒，比如说盐粒、硫酸、氮和其他一些化学物质的微粒（这也是往积雨云层中洒干冰或碘化银可以人工降雨的原因）。

科学家解答了雪花形成的原因。但是为什么会形成这种规划的花样结构，就没有什么明确的解析了。因为从表面积最小的原理可以知道（图1-2），水汽的冰晶完全可以是球状的颗粒（下的雪有时是球形颗粒，冰雹更是）。但雪花却明明经常是美丽的六角形对称花样。它在高空中以更小的微粒拼接出正六边形的花形，不能不说是奇迹。大自然也是爱美的，人们这样想。

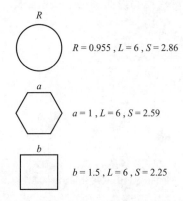

$R = 0.955$，$L = 6$，$S = 2.86$

$a = 1$，$L = 6$，$S = 2.59$

$b = 1.5$，$L = 6$，$S = 2.25$

图1-2 相同周长（L）不同形状面积（S）的比较

在地球表面只有无机物的时代，雪花也许是唯一展示出大自然爱美的物体。在生命出现以后，特别是在植物出现以后，大自然爱美的证据就比比皆是了。各种各样的鲜花绿叶开始在地球表面出现，装点着地球表面。这时的地球，除了雪花的白色，还有五颜六色的花花草草。大自然从哪里弄来这些色彩？大自然为什么会爱美？很值得人们去深究。如果仔细地想想，会觉得眼睛也是大自然为了欣赏这种美的造物。

当然，达尔文的进化论，在很大程度上科学地揭示了生物进化的秘密。但是，在涉及无生命时代的例如雪花这样有规律的物质结构现象，还缺少有说服力的解析。

　　雪花在空中自由组装出的正六边形的花样（图1-3），不是偶然的。几何学告诉我们，正六边形有最好的拼接性能。它可以用最少的边线构成最大的面积并且达到无缝连接。构成一个一定形状的平面，虽然圆形有最少的边线（周长），但是，用圆形来进行紧密拼接时，每个圆之间都会有间隙，这样会出现无效空间。正方形虽然也有很好的拼接性能，但是同样周长的正方形所构成的面积要小于六边形，同时正方形以两条边定位的方式拼接时，在空间拓展上没有正六边形那样有更多的方向性。在相同周长围成的面积中，圆形的最大，这也是宇宙中呈现最多的形状是圆形的原因。但是，对于无缝拼接来说，正六边形是最佳选择。雪花正是由细小的正六边形冰晶拼接而成的。这种自然天成的巧妙结构在其他场景中也有体现，而最典型的自然应用则是蜜蜂的巢。

图1-3　冰晶体结构模型

　　蜂巢是正六边形结构（图1-4），这种结构在节省材料和增强稳定性和强度方面非常优秀。我们不能说蜜蜂是受到雪花的启发，但可以说自然界在进化进程中，趋向复杂和有序的意识是很明显的。科学家们研究发现，正六角形的建筑结构，拼接时的密合度最高、所需材料最简、可使用空间最大。因此，一个不大的蜂巢可容纳数量高达上万只的蜜蜂居住。这种正六角形的蜂巢结构，其中惊人的数学和建筑结构原理，令人叹为观止。而人类则从蜂巢受到了启发，在现代结构材料中大量进行了应用。其中应用最广泛的是在各种需要减重而又增加强度的结构中采用蜂巢结构夹层。这在飞机、航天器、汽车、建筑材料、包装材料等诸多产业都有应用。

图1-4 蜂巢结构构件

　　我们在见到这许多应用的时候，往往只知道这是工程技术人员的聪明构思，而不大知道这是源于自然的启发。

　　除了自然中呈现的雪花和蜂巢是巧妙的六边形结构，在非人工的自组装过程中呈现正六边形结构的还有铝的阳极氧化过程。阳极氧化是在铝表面获得致密氧化膜的一种重要表面处理技术。这种硬质的铝氧化膜不仅提高了铝的耐腐蚀性能，而由于这种氧化膜的多孔结构可以染色和储存其他功能微粒，进一步增强铝表面的功能性和装饰性。非常奇妙的是，通过在酸性电解液中经阳极氧化形成的铝的氧化物膜呈现的是正六边柱形结构（图1-5）。由于这种孔隙的尺寸是纳米级的，因此，现在也将铝氧化获得的细长孔膜用作纳米管，可以采用电化学方法在其中电沉积镍等金属而获得金属纳米线。

　　以上这些例子说明，自然中的物质在一定环境条件下形成有序合理结构的能力不是孤独或偶然的现象，而是一种普遍的趋势。正六边形结构只是其中的一个显而易见的例子。特别是雪花，是在高空中自然形成，以最朴素的形式证明了自然具备的这种奇巧能力。蜜蜂则以其辛勤的劳作在为自己建筑的巢中显示了奇巧。铝电解氧化膜虽然是人类发明的工艺所制作出来的，但成膜的过程和膜的形状并非人工控制的，也是自组装的过程。这些都呈现出物质在自然中的有序性。物质这种趋向有序的性质，在更微观的层次也是存在的，例如元素的形成，就是复杂而有序的。我们会在后面详细讨论。

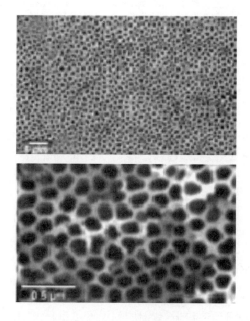

图1-5 铝阳极氧化膜电镜图

双层玻璃窗内表面的自组装

我办公室安装的是双层玻璃钢塑窗。为了节能和隔音，这种结构已经是当前窗子的主流模式。

有一天，我发现有一扇窗子上有很多小白点，散布在玻璃表面（图1-6），仔细一看，这些小白点很像雪花，用手去擦拭擦不掉。我拉开窗子，用纸巾从外表面去擦，也擦不掉。于是明白这是双层玻璃内面上留下的痕迹。这些雪花般的小白点是从哪里来的？玻璃窗在销售或安装时就有的吗？按说制造这种双层玻璃窗时，玻璃内外都会经过清洗擦干处理，以保证窗子的透明度。我记起家里书房有一扇窗子就在住了一阵子后内表面出现雾状，透明度下降。那是密封胶残留在夹层内没有充分干燥，然后挥发到内表面造成的。

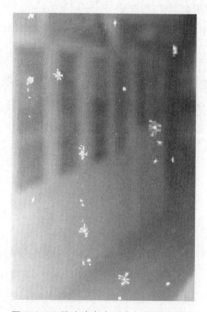

图1-6 双层玻璃窗内面类似雪花的结晶

我想，办公室的这扇窗子可能是安装前使用清洗剂后并没有冲洗干净，会有清洗剂残留物留在玻璃内表面，这从外面就无法再擦洗掉了。随着窗子被日复一日地光照，双层玻璃内的湿度不断下降，最终清洗水中残留的微粒（这类清洗剂的组成通常为纯碱加表面活性剂）会在干燥过程中在玻璃表面聚集。只有这种解释可以说明为什么会在玻璃内表面上出现"雪花样"的白斑。显然，碱性清洗剂的化学物质的分子在水分挥发出现结晶的过程中，在玻璃表面演出了模拟组装成"雪花"的过程。

双层玻璃的内表面在封装完成后，玻璃内表面再发生的变化完全是自发的过程，包括干燥过程中溶质的结晶。于是就出现了这种双层玻璃内表面的"雪花"点的现象。

这个偶然的现象说明，只要条件具备，微粒自己组装成复杂有序形态的过程就会自发地发生。在空间、在表面、在任何介质（空气、水、固溶体等）中，都有这种自组装过程发生着。这使我想起，曾经在表面处理车间前处理室地面上见到的去油槽的碱水漏到地面干燥后结晶的碱呈现的马尾松状。微粒在聚集过程中，确实有自发组装的趋向。

但是，我们经常看到的是无序和"一盘散沙"状态，经常看到的是乱象。往往需要外因的干预，需要消耗资源，才能达到一定程度的有序。

以下我们要讨论的就是另一种微观现象，是一种表面上表现为无序的微观运动形式，这就是布朗运动。

布朗运动

布朗运动（或者说"分子热运动"）表述的是一种微粒不停地无规则地"乱窜"的现象。这似乎在暗示物质在低温环境里尚可保持"冷静"，构织美丽的形态；而在温度升高时，就不那么"安分"，显得杂乱无章了。

1827年，英国植物学家罗伯特·布朗(Robert Brown)利用一般的显微镜观察悬浮于水中的花粉微粒时，发现这些花粉微粒会呈现不规则状的运动（图1-7）。他在公布了这一发现后，引来更多科学家的关注和研究，并且将微粒的这无规则的运动称为布朗运动。

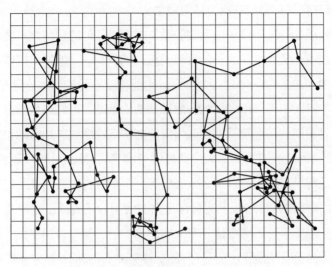

图1-7 显微镜观察到的微粒的无序运动轨迹

研究发现，这些小的颗粒为液体的分子所包围，由于液体分子的热运动，小颗粒受到来自各个方向液体分子的碰撞，这些冲撞使微粒受到各个方向的力。由于这些力不可能是完全对称和抵消的，因此微粒会做沿冲量较大方向的运动。又因为这种力的冲撞方向是不确定的，使微粒在运动中不断改变方向。所以微粒作无规则的运动。温度越高，布朗运动越剧烈。它间接显示了物质分子处于永恒的、无规则的运动之中。

那么，布朗运动中，这些粒子是自发的运动还是受到周围分子的不平衡的碰撞而导致的运动？答案是后者，但是要从理论上解释清楚却并不容易。

1905年，爱因斯坦发表了5篇论文，其中一篇是《热的分子运动论所要求的静液体中悬浮粒子的运动》，这在当时并没有引起人们的注意。甚至有人会认为这不过是对当时热门的物理现象凑热闹而已。但是，这是第一次从理论上解释了布朗运动，他的研究也成为分子运动论和统计力学发展的基础。这年爱因斯坦发表的另外几篇论文中，有两篇是后来更著名的论文，一篇是狭义相对论，一篇是光电效应（提出了量子概念）。

有趣的是，爱因斯坦提出这个理论，并不清楚一定与布朗运动有关。法国人佩兰（Perrin）为此做了几年的实验，终于证明爱因斯坦的公式是对的，佩兰因此获得了1926年的诺贝尔物理学奖。

爱因斯坦在他关于分子热运动的论文中指出，他的目的是"要找到能证实确实存在有一定大小的原子的最有说服力的事实。"他说："按照热的分子运动论，由于热的分子运动，大小可以用显微镜看见的物体悬浮在液体中，必定会发生其大小可以用显微镜容易观测到的运动。可能这里所讨论的运动就是所谓'布朗分子运动'"。他认为只要能实际观测到这种运动和预期的规律性，"精确测定原子的实际大小就成为可能了"。"反之，要是关于这种运动的预言证明是不正确的，那么就提供了一个有分量的证据来反对热分子运动观"。也就是说，爱因斯坦的著作是为了证明分子或原子是存在的。而在当时，原子、分子论是刚刚建立不久的理论，还没有被普遍接受。因此，布朗运动成为间接证明原子、分子存在的一种自然现象而被科学家所关注。而由分子运动导致的微粒的无规则运动，则被解读为分子始终在不停地做无规则的运动。

但是，当我们认识到分子的另一个特性后，对布朗运动所代表的意义，会有完全不同的想法。分子的另一个特性就是它的自组装性，这恰是与无规则运动相反的分子活动过程。

由于布朗是在水溶液中发现分子热运动的，我们希望仍然通过观测水分子来解读自组装过程。

水的答案

英国科学家飞利浦·鲍尔是现代最杰出的科学家之一，是著名的科学杂志《自然》的长期科学顾问，他曾说："没有人真正了解水。承认这件事确实很尴尬，但是这种覆盖了地球三分之二的物质仍然是一个谜。更糟的是，我们所见越多，问题越多。在用最新的科技探索液态水的分子建筑的时候，我们发现了更多的谜团。"

确实，布朗当年所发现的微粒在水分子作用下的无序运动，只是"冰山一角"。此后不断传出的关于水分子的发现，不再与"无序"有关，而是趋向于"有序"。这大大挑战了人们的常识，也令许多科学家难以接受。因此，科学史中各种关于水分子有序性的研究，几乎无一例外地遭到质疑。即便是著名科学家也在所难免。这种建立在已经形成的科学定见基础上的权威的力量是惊人的，它确实为维持科学的纯洁和尊严做出了贡献。但是，有时也会发生在倒掉洗澡水时，将孩子也一起倒掉的情形。关于这方面的掌故，在《水的答案知多少》（化学工业出版社，2015年9月）一书中有详细论述，有兴趣的读者可以参阅。我们在这里介绍的，是水分子趋向有序的一些公知的实验事实。这与我们要讨论的问题是密切相关的。

首先，水的分子结构已经是公认的。一个水分子由一个氧原子和两个氢原子构成。氧原子通过与两个氢原子形成的共用电子对组成的氢键而成为稳定结构。但是两个氢键与中心氧原子不是在一条直线上分布，而是有一个夹角，经测定为104.5度（图1-8）。同时水分子中的电子对更靠近氧原子，这就使水分子呈现出极性：氧原子一侧呈负电性，氢原子一端呈正电性。水的所有化学性质都与水分子的氢键和极性有关。

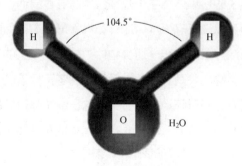

图1-8 水分子结构示意图

水的极性使水与环境之间的作用有了方向性。正是水分子的这种极性，使水可以溶解许多物质，我们喝的茶水、糖水、盐水，都是水中溶解了这些物质分子的结果。水同时是组成生命体的最重要成分。水对人类的重要性是不言而喻的。

除了在空中，水总是处在一定的界面内的，或者说在一定容器内。无论是杯盘碗盏，还是江河湖海，都可以说是装水的容器，包括细胞也可以看作是水的容器。因此，水分子之间、水与容器器壁之间、水与溶于其中的溶质之间，都会因极性而出现取向排列。例如与溶质形成"水合物"。水的化学组成虽然十分简单，然而它却体现出很多不同于其他化合物的物理化学性质。其中水分子之间因极性靠近而形成的分子团，被称为"水簇"。因此，人们推测在自然状态下水并非以单分子存在，而应以分子簇的形式存在。但是直到1977年，科学家才利用红外光谱测试仪首次证实了二元水簇的存在。水簇是两个或多个水分子通过氢键组装形成的具有特定构型和拓扑模式的聚集体。水在许多生命和化学过程中起着十有分重要的作用。

近年来，随着X射线衍射技术的进步，人们可以通过单晶衍射仪精确地测定晶格中水分子的位置，从而精确地描述水分子之间的氢键作用的各项参数，能够更清楚地了解水的各种物理化学行为。

2014年1月，有消息称：北京大学科学家在世界上首次拍到水分子的内部结构，并揭示了单个水分子和四分子水团簇的空间姿态（图1-9）。这一成果发表在《自然－材料》杂志上。这与近年来一系列关于水的结构的研究一样，多少为当年被嘲笑过的"聚合水"平了反。

水作为水分子的聚集体，由于较其他物质更容易通过改变聚集状态实现各种组装，成为可以以三态（水、冰、蒸气）形式在自然中不停地自由转换的物质。从大海江河里的水和一切生物体内的水到天上的云，从你厨房蒸锅里散布出蒸汽到突降的大雨，从冰箱里的冰到冬天飘落的雪，所有这些司空见惯的水三态转变，随时随地在进行中。这已经是够奇妙的了。而在华盛顿大学生物工程系教授杰拉德·波拉克看来，水还有第四态，他以大量实验和解析证明液体水中有多姿多彩的不同形态的水，包括已经说到的水簇。其要点是水在与不同界面接触中，会与界面有不同的互动，从而组装出不同的形态。充分表现出水对环境的"识别"能力和基于这种"识别"作出的反应。这是物质之间除了力学、电学等场效应以外一种自发的运动形式，是水分子趋向有序的证明。

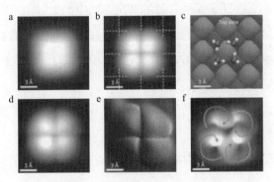

图1-9　科学家拍摄到的四分子水簇

水分子的流动性使其在受到任何扰动（包括温度影响）时都会四处"游走"，因此，我们观察到的水分子的无序状态，只是它组装过程的"片断"。水分子会在这种运动中通过极性取向和聚集，形成各种组装态，包括水簇、水合物、双电层介质、膜介质或更复杂结构形态。由此，我们可以认为，在水中看似"乱窜"的微粒的布朗运动，其实是水分子趋向有序的运动过程而已。

上面说到的水分子"识别"环境的过程，其实质是水分子与水分子之间、水分子与其他物质界面间由于分子极性和界面极性出现的分子姿态的调整。例如在电解质溶液中的阳离子周围，会有许多水分子与之形成配位体，即组装成水合离子，这些聚集在阳离子四周的水分子，都会将自己负电性的一极与阳离子相吸，正极性一端朝外，形成的水合离子仍然显示阳离子极性，它的周围还会吸引第二层水分子、第三层水分子，只是这种外围的水合体与中心阳离子之间的吸引力更弱。这些外围的水分子随时会因为环境中的各种变化而离散，向新的界面移动。水体中的温度差、密度差都会改变水分子的运动。在电化学中称这些为梯度。不同梯度的环境引起的水分子的活度是不同的。因此，水分子始终处在活跃的状态，并且一种完全的平衡状态形成以前，表现出的是无序的活跃。以水中漂浮的花粉为例，在水分子因环境极性或各种梯度调整自己姿态的时候，会从不同方向撞到水中的花粉，东一下、西一下，花粉就在不停地做无规则的运动了。

我们再回到雪花的话题。现在我们可以认为，雪花是水分子从气态向固态转变的过程中，在环境条件合适的情况下，以最大自由度组装的结果。空中没有容器等刚性物质施加的影响，水分子在结晶时受到的扰动极小，于是可以顺利地组装出极为规则的正六角形的花形结构。这种结构也是一种分形，但它是极规则的。

这样，我们通过雪花和布朗运动了解到分子具有的一种重要特性，这就是微粒的自组装。

本书的主要内容，就是围绕"自组装"这个概念展开的。

自组装的定义

在当代科学界，"自组装"已经是一个被经常使用的词汇。这是人们从自然现象中总结出来的一种仿生学概念。

"自组装"（self-assembly）有时也被说成"自组织"（self organization），这两个术语，在不同领域中得到应用。"自组装"多用于化学领域，例如分子结构理论中；"自组织"则多用在物理学包括网络等复杂组织的自序化过程等。本书将统一采用"自组装"一词。

那么，什么是"自组装"？

我们先看看网络的百科词典对"自组装"的定义。

"所谓自组装（self-assembly），是指基本结构单元（分子，纳米材料，微米或更大尺度的物质）自发形成有序结构的一种技术。在自组装的过程中，基本结构单元在基于非共价键的相互作用下自发的组织或聚集为一个稳定、具有一定规则几何外观的结构。"

很明显，上面"自组装"被解释为一种技术，一种操控微粒的技术。因此这个定义进一步指出："自组装技术简便易行，无须特殊装置，通常以水为溶剂，具有沉积过程和膜结构分子级控制的优点。可以利用连续沉积不同组分，制备膜层间二维甚至三维比较有序的结构，实现膜的光、电、磁等功能，还可模拟生物膜，因此，近年来受到广泛的重视。"

让我们来分析这个定义。第一，在这个定义中，使用了"自发形成"一词。这意味着没有外部干预就可以实现自组装。这与其后所说的技术处理过程是不同的。技术处理的组装是仿生学而不是自组装本身。

第二，在定义中，说到了"还可以模拟生物膜"。生物膜是生物生命特征维持的重要结构之一，例如细胞膜等。一个确定的事实是，在没有人类之前，植物、动物身体里就有这种生物膜。显然，这种"自组装"绝对不是某种（人类）技术的模拟产物。

所以，"自组装"就不只是一种技术，而是一种自然现象，是物质自己趋向有序的一种过程（图1-10）。因此，本书这样定义"自组装"一词：

自组装是物质自身趋向有序和复杂的过程或现象。

图1-10 纳米粒子自组装中

我们需要解答的问题很简单明了：物质为什么会自组装？

用已经定义的术语说：物质为什么会自发地趋向有序的结构？

科学家已经证实，即使是超复杂的系统，只要条件合适，都会出现有序的状态，这正是进化的本质。但是为什么会这样？"自发"的动因是什么？

在回答这些问题之前，我们先认识微粒趋向有序的过程。

这得从元素周期表说起。

元素周期表

在当代教育体制下，元素周期表不应该是陌生的东西。每年高考的化学试卷，至少有一题会涉及元素周期律或元素周期表。不要说高中会详细地介绍元素周期表，就是初中化学也会讲到它。一张小小的元素周期表（图1-11），包含宇宙和大自然物质组成的重要信息；它不但是化学研究的重要参考，而且是跨界学科产生联想和创意的源泉，可以指导和启发科学研究，是可以深度开发的宝藏。它所显示出的构成宇宙的元素的有序和由元素演变出万事万物的多彩，透露了宇宙自组装的秘密。

元素周期表告诉我们，世界是由各种元素构成的。这些元素因为构成基本粒子的数量不同而呈现周期性变化。这种变化是事物由量变到质变的典型的例子。

虽然古代哲人猜测到世界本质上是由某些基本的要素构成的，并且很早就提出了原子的概念，但他们列举的构成世界的要素如金、木、水、火、土等都是具象的物质，不能称之为元素。元素是构成世界万物的基本单元原子的总称，原子是极细小的微粒，不借助特殊的装置，根本就看不见。这虽然令人难以置信，却是实实在在的自然存在。

元素周期表还告诉我们，元素是由更小的微粒构成的。

例如电子，就是构成元素的原子外壳的微粒。它小到什么程度？如果把一个针尖比喻为一个篮球场，那么一个电子只是这个球场上的一粒极其细小的沙子。我们如果要用宏观的尺子来测量电子，以米（m）为单位，它的大小的量级只是 1×10^{-16}；重量只有 0.9×10^{-30} 千克(kg)，小到即使用显微镜也看不到！

周期＼族	IA																	0
1	1 H 氢 1.008	IIA											IIIA	IVA	VA	VIA	VIIA	2 He 氦 4.003
2	3 Li 锂 6.941	4 Be 铍 9.012											5 B 硼 10.81	6 C 碳 12.01	7 N 氮 14.01	8 O 氧 16.00	9 F 氟 19.00	10 Ne 氖 20.18
3	11 Na 钠 22.99	12 Mg 镁 24.31	IIIB	IVB	VB	VIB	VIIB	VIII			IB	IIB	13 Al 铝 26.98	4 Si 硅 28.09	15 P 磷 30.97	16 S 硫 32.06	17 Cl 氯 35.45	18 Ar 氩 39.95
4	19 K 钾 39.10	20 Ca 钙 40.08	21 Sc 钪 44.96	22 Ti 钛 47.88	23 V 钒 50.94	24 Cr 铬 51.996	25 Mn 锰 54.94	26 Fe 铁 55.85	27 Co 钴 58.93	28 Ni 镍 58.69	29 Cu 铜 63.55	30 Zn 锌 65.38	31 Ga 镓 69.72	32 Ge 锗 72.59	33 As 砷 74.92	34 Se 硒 78.96	35 Br 溴 79.90	36 Kr 氪 83.80
5	37 Rb 铷 85.47	38 Sr 锶 87.62	39 Y 钇 88.91	40 Zr 锆 91.22	41 Nb 铌 92.91	42 Mo 钼 95.94	43 Tc 锝* (99)	44 Ru 钌 101.1	45 Rh 铑 102.91	46 Pd 钯 106.4	47 Ag 银 107.87	48 Cd 镉 112.41	49 In 铟 114.82	50 Sn 锡 118.7	51 Sb 锑 121.8	52 Te 碲 127.6	53 I 碘 126.9	54 Xe 氙 131.3
6	55 Cs 铯 132.91	56 Ba 钡 137.33	57-71 La-Lu 镧系	72 Hf 铪 178.49	73 Ta 钽 180.95	74 W 钨 183.85	75 Re 铼 186.21	76 Os 锇 190.22	77 Ir 铱 192.22	78 Pt 铂 195.1	79 Au 金 195.97	80 Hg 汞 200.6	81 Tl 铊 204.4	82 Pb 铅 207.2	83 Bi 铋 208.98	84 Po 钋 (209)	85 At 砹 (210)	86 Rn 氡 (222)
7	87 Fr 钫 (223)	88 Ra 镭 226.03	89-103 Ac-Lr 锕系	104 Rf 𬬻* (261)	105 Db 𬭊* (262)	106 Sg 𬭳* (263)	107 Bh 𬭛* (262)	108 Hs 𬭶*	109 Mt 鿏*									

原子序数—30 Zn—元素符号
元素名称—锌
注*的是人造元素
65.38—原子量

1. 横杠中为过滤元素
2. 括号中数字是放射性同位素寿命量长的质量数

镧系	57 La 镧 138.91	58 Ce 铈 140.12	59 Pr 镨 140.91	60 Nd 钕 144.24	61 Pm 钷* (147)	62 Sm 钐 150.4	63 Eu 铕 151.96	64 Gd 钆 157.3	65 Tb 铽 158.9	66 Dy 镝 162.5	67 Ho 钬 164.93	68 Er 铒 167.3	69 Tm 铥 168.93	70 Yb 镱 173.04	71 Lu 镥 174.96
锕系	89 Ac 锕 227.02	90 Th 钍 232.04	91 Pa 镤 231.04	92 U 铀 238.03	93 Np 镎 237.05	94 Pu 钚 (244)	95 Am 镅* (243)	96 Cm 锔* (247)	97 Bk 锫* (247)	98 Cf 锎* (251)	99 Es 锿* (254)	100 Fm 镄* (257)	101 Md 钔* (258)	102 No 锘* (259)	103 Lr 铹* (260)

图1-11 元素周期表

元素周期表还告诉我们，有些元素具有放射性。

这种放射性也是一种“自发”发生的核物理现象。只要原子结构达到一定的复杂程度，用周期表的语言说，只要原子序数在某一个数值以上，这时元素就具有放射性。放射性元素(确切地说应为放射性核素)能够自发地从原子核内部放出粒子或射线，同时释放出能量，这种现象叫做放射性，这一过程叫做放射性衰变。含有放射性元素如铀（U)、钍（Th)、镭（Ra)的矿物叫做放射性矿物。 原子序数在84以上的元素都具有放射性，原子序数在83以下的某些元素如钾（K)、铷（Rb）等也具有放射性。

什么是原子序数？原来构成世界的元素的每一个原子，都是由原子中心的核子和在其外围绕核子高速运转的电子组成的。核子中的质子（带正电）数和核外电子（带负电）数的数量相等，才能保持原子的中性和稳定。而这个质子和电子的数量，是从1开始以自然数增长着的，这个顺序增长的数字，就是元素的原子序数。目前为止已经知道的自然和人工合成的元素的序数已经到了118。

但是，由于每个元素都有同位素（同位素是指在同一个原子序数内，也就是周期表中的同一种元素所处的位置内，质子和电子数相同而中子数不相同的核素），因而同一种元素的原子核有可能会有很多种，人们可以在一种元素的原子核内置入中子而构成同位素，这些同位素大多数都是不稳定的。因而也称做放射性同位素。现在人们已经发现1900种核素，其中稳定的只有约300种，其余1600种中只有60种是天然放射性核素，其余都是人工制造的放射性同位素。

铀是大名鼎鼎的放射性元素。铀的原子序数是92，它是制造原子弹的重要原料，是目前世界上最重要的战略物质，因此我们会比较熟悉。但是，我们并不熟悉的是"放射性"，或者对"放射性"只有狭义的理解。认为只有某些结构的核子所具有的能量不稳定状态，才会出现放射性，以便使自己稳定下来。确实，原子经过一定时间放射后，原来的原子会变成另一种原子，达成稳定。例如铀衰变为铅。

核子的衰变是由一种元素转变为另一种元素的过程，这个过程的时间是不一样的，人们用"半衰期"来表述放射性元素的这种性质。半衰期是指放射性元素的原子核有半数发生衰变所需要的时间。放射性元素的半衰期长短差别很大，长的达数百亿年，短的则远小于一秒。

放射性元素的衰变过程都是重元素转变为轻元素，其中质量的减少正是以放射性的形式转变为能量，这符合爱因斯坦的质能公式。奇怪的是，具有自然放射性的元素都有很长的半衰期，含有与地球历史一样长的半衰期原子核，衰变过程中都会有中间产物气态物质氡（Rn），最终得到的都是稳定核素铅（Pb）。

元素具有放射性非常重要，这为我们利用原子能提供了重要的线索。并且因为"放射性"对生命所具有的强烈杀伤力，人们避之唯恐不及。但是，人们在了解核素的这种基本性质的时候，还会研究都有哪些基本粒子具有这种放射性功能，能够向空间发射粒子流。结论是所有的基本粒子都有可能以一种粒子发射出能量，这个粒子就是光子。是的，光子是宇宙中最普遍和最高速发射的基本粒子。因为光子太多太快，人们对它反而"视而不见"了。

原子核外的电子围绕着核子在不停地高速飞转。它们互不碰撞地几乎可以同时出现在原子核外围空间的任何地方，以至于"看上去像云"。因此人们将电子在核外运行的状态描述为"电子云"，这就像杂技演员玩的火流星一样。电子不只是这样活跃和忙碌，而且还担负着重要的使命。所有与电有关的事物，都与这个电子有关。电子可以受激出现发射，以电磁波的形式向宇宙发散，这是另一种"放射性"。显然，这应该是基本粒子的本性之一。

我们现在每天都在与电子打交道，你打开或关闭电子开关，就是在操控电子，让电子流动或停止。电子产品充斥世界，强电、弱电、有线电、无线电……，电波在宇宙中飞速传播，我们现在已经离不开电子产品为我们构建的电子世界。电子既参加物质的自组装过程，也承担有传播信息的任务。光子是比电子更基本的粒子，一个光子会在特定条件下产生出一对正负电子。一对正负电子也会转变为一个光子。

门捷列夫和元素周期表

发现各种元素呈现周期性变化规律的化学家是俄国的门捷列夫（图1-12）。门捷列夫出生在俄国西伯利亚的托博尔斯克市。他从小热爱劳动，喜爱大自然，学习勤奋。1848年进入彼得堡专科学校学习。两年后进入彼得堡师范学院学习化学。毕业后取得教师资格，在敖德萨中学任化学教师。在教学的同时继续学习和研究，获化学高等学位。1857年首次取得大学职位，任彼得堡大学副教授，随后到德国海德堡大学深造。于1860年参加了在卡尔斯鲁厄召开的国际化学家代表大会，进一步拓展了研究化学的视野。1861年回彼得堡从事科学著述工作。

1860年门捷列夫在考虑著作《化学原理》一书写作计划时，深为无机化学缺乏系统性所困扰。于是，他开始搜集每一个已知元素的性质资料和有关数据，把前人在实践中所得成果，凡能找到的都收集在一起。人类关于元素问题的长期实践和认识活动，为他提供了丰富的材料。他在研究前人所得成果的基础上，发现一些元素除有特性之外还有共性。例如，已知卤素元素的氟、氯、溴、碘，都具有相似的性质；碱金属元素锂、钠、钾暴露在空气中时，都很快就被氧化，因此都是只能以化合物形式存在于自然界中；有的金属如铜、银、金都能长久保持在空气中而不被腐蚀，正因为如此它们被称为贵金属。

图1-12 门捷列夫（1834—1907）

　　于是，门捷列夫开始试着排列这些元素。他把每个元素都建立了一张长方形纸板卡片，在每一块长方形纸板上写上了元素符号、原子量、元素性质及其化合物。然后把它们钉在墙上排了又排。经过了一系列的排队以后，发现了元素化学性质变化的规律性：元素的性质随着原子量的递增而呈周期性的变化，即元素周期律。他根据元素周期律编制了第一个元素周期表，把已经发现的63种元素全部列入表里，从而初步完成了使元素系统化的任务。当有人将门捷列夫对元素周期律的发现看得很简单，说他是用玩扑克牌的方法得到这一伟大发现的，门捷列夫却认真地回答说，从他立志从事这项探索工作起，一直花了大约20年的工夫，才终于在1869年发表了元素周期律。他把化学元素从杂乱无章的迷宫中分门别类地理出了一个头绪。他具有很大的勇气和信心，不怕名家指责，不怕嘲讽，勇于实践，敢于宣传自己的观点，终于得到了广泛的承认。为了纪念他的成就，人们将美国化学家希伯格在1955年发现的第101号新元素命名为Mendelevium，即"钔"。

门捷列夫发现，元素的性质随着原子量的增加呈周期性的变化，但又不是简单的重复。门捷列夫根据这个道理，不但纠正了一些有错误的原子量，还先后预言了15种以上的未知元素的存在。结果，有三个元素在门捷列夫还在世的时候就被发现了。1875年，法国化学家勒科克·德·布瓦博德兰发现了第一个待填补的元素，命名为镓。这个元素的一切性质都和门捷列夫预言的一样，只是相对密度不一致。门捷列夫为此写了一封信给巴黎科学院，指出镓的相对密度应该是5.9左右，而不是4.7。当时镓还在布瓦博德兰手里，门捷列夫还没有见到过。这件事使布瓦博德兰大为惊讶，于是他设法提纯，重新测量镓的密度，结果证实了门捷列夫的预言，相对密度确实是5.94。这一结果大大提高了人们对元素周期律的认识，它也说明很多科学理论被称为真理，不是在科学家创立这些理论的时候，而是在这一理论不断被实践所证实的时候。当年门捷列夫通过元素周期表预言新元素时，有的科学家说他狂妄地臆造一些不存在的元素。而通过实践，门捷列夫的理论受到了越来越普遍的重视。

后来，人们根据周期律理论，把已经发现的100多种元素排列、分类，列出了今天的化学元素周期表，张贴于实验室墙壁上，编排于辞书后面。它更是我们每一位学生在学化学的时候，都必须学习和掌握的一课。

现在，我们知道，在人类生活的浩瀚的宇宙里，一切物质都是由这100多种元素组成的，包括我们人本身在内。

门捷列夫当时并不可能知道物质的基本结构，他当年所能获得的关于元素的信息是有限的。但是就是这些有限的却是确定的化学信息，使他经过深思熟虑，根据推理作出了重要的科学发现。这正是他被人们永久纪念和颂扬的原因。从有限的元素中推论出当时尚没有发现和认识的元素，打开了人类认识物质世界本质的大门，需要怎样的智慧和勇气啊！

我们读到这里，不禁要问，元素是从哪里来的？

/////// /////// ● **元素是从哪里来的** ● /////// ///////

要回答"元素是从哪里来的",得从宇宙的起源说起。

目前为科学界所普遍接受的宇宙起源理论认为,宇宙诞生于距今约138亿年前的一次"大爆炸"。元素是宇宙起始大爆炸过程中,爆炸生成的无数高速飞转的微粒碰撞相吸组装形成的。宇宙爆炸时的最初百分之一秒,宇宙温度极高,达1000亿摄氏度,这时宇宙最多的基本粒子全部都是光子,随后产生出电子和正电子。随着爆炸后温度的下降,粒子间的碰撞几率增加,产生出中子和质子,这些基本粒子都根据某种机理组装起来,并且也根据构成的难易程度而最先形成一些结构最简单的元素,然后才是较复杂的元素、更复杂的元素。而最简单的元素就是氢。测试证明,宇宙中最多的元素正是氢元素。因为氢只有一个核子和一个电子,是结构最简单也最容易生成的元素,因此宇宙诞生之初的极短时间内,就有大量的氢原子产生,随后氢在高温下持续进行热核反应,产生出氦、锂、铍、硼、碳、氮、氧、氟、氖、钠、镁等元素,这些元素的原子的质子数和核外电子数也在氢以后依次为2、3、4、5、6、7、8、9、10、11、12……直到92号元素铀,也就是核子中有92个质子,核外有92个电子的元素。随着核子中的质子数的增加,捕获相等数量的电子的难度增加,因此,高质子数的元素的形成比较困难,92号以后的元素在自然界中就基本上不存在,需要通过人工轰击重元素产生出来。因此,92号元素以后的元素也叫超铀元素。现在人工从加速器中制造出来的元素已经到了118号。是否存在更高质子数的元素,还有待进一步的探索。

尽管这些元素是在上百亿年以前就在宇宙中诞生了,但是我们在地球上发现它们,却只是近几百年的事。以92号元素铀为例,它是1789年由德国的科学家克拉普罗特从沥青铀矿中发现的。当时他用碳作还原剂,得到了黑色的粉末，以为就是铀，其实只是二氧化铀（UO_2）。过了半个世纪以后的1841年，法国的佩利戈用钾还原四氧化铀，第一次成功地分离出了金属铀。但是，这时的科学家和大众，都并不知道铀具有强烈的放射性。直到1896年，法国科学家贝克勒尔偶然地发现了铀盐的放射性。他在实验室使用照相底片时，发现自己包在黑色厚纸内的没有曝光的底片冲出的相片中有一大块白斑，但包底片的纸是完好无损的，只是在上边曾经随手放过一小包铀盐。细心的科学家注意到白斑的形状与那包铀盐很相似，于是就重复用这包铀盐在新的未曝光底片上再做实验，证明铀盐确实有"光线"放出来，"放射性"由此被发现。两年后居里夫妇发现了镭及其放射性，开启了研究放射性元素的时代。

在宇宙形成之初，质子、电子、中子一个一个地由简到繁地形成这么奇妙的元素，是基于什么原理？这一过程是完全无序的而仅仅由碰撞"概率"决定的，还是有着某种内在的趋势？

在所有的宇宙起源模型中，都没有完全说清楚这个问题。标准宇宙（大爆炸）模型也好，稳态宇宙模式也好，对不同结构元素为什么会组装出来并发展到生命和高级生命的形式，没有拿出令人信服的理论。普遍的观点是：随着时间的持续，几率的增加，大自然诞生了。之所以称之为自然，就是因为它"自然而然"地发生了。

在生物学领域，有了进化论以后，虽然有争论，大多数人还是接受了进化论。因为有太多的科学研究和实验证明这个理论是对的。生物的遗传遵循"用进废退、适者生存"的"物竞天择"的规律。

至于元素的构成，分子、大分子、蛋白质等的出现，是受什么机理支配，只是在近年热起来的自组装概念中，才开始露出端倪。

现在，我们可以用自组装这个词，来回答元素是从哪里来的这个问题：元素是基本粒子自组装的产物。这个过程起始于宇宙爆炸的那一瞬间。从那个时刻起，所有基本粒子从爆炸中获得了一个与生俱来的"意识"或者说"使命"：只要有机会，就进行自组装。

所有的粒子都顽强地执行了这个"意识"，没有例外。这个"意识"是可以传递的，因此是可持续的。

如果宇宙就只停止在组装成92种元素上，也许可以认为这些元素的出现是偶然的。但是，这个过程没有停下来，其后由这些基本元素组成的分子、高分子直到生命出现，都显示有一种"意识"在推进这个过程，使物质由简单到复杂、由单调到完美的过程。就像一棵极大的树，不停地长出分枝，根深叶茂、顶天立地。这个过程在比尔·布莱森所著的《万物简史》中有精彩而又通俗的描述。但是他也只能用奇迹和好运来说明我们在地球上见到的这一切。从宇宙诞生到元素产生，再到星系形成，地球的凝固、生命的出现，从植物到动物，动物从水生到陆生直到人类的出现，这一切都因为是遇上了好运（我们可以将好运理解为概率）。当然这是一种说法，人们可以相信这个说法。因为浩瀚无边的宇宙现在还只有我们一个地球有神奇的大自然和丰富多彩的生命。我们真的是有极好的"运气"。

但是，正如我在前言中已经说过的，当代科学环境中成长的人们，不能满足于这种解释。

宇宙大爆炸与微波背景辐射

空间和时间的本质是什么？这是从两千多年前的古代哲学家到现代天文学家一直都在苦苦思索的问题。经过了哥白尼、赫歇尔、哈勃的从太阳系、银河系、河外星系的探索宇宙三部曲，宇宙学已经不再是幽深玄奥的抽象哲学思辨，而是建立在天文观测和物理实验基础上的一门现代科学。

直到20世纪，出现了两种比较有影响的宇宙理论，一种是稳态理论，另一种是大爆炸理论。刚出现"宇宙大爆炸"学说时，被认为是奇谈怪论。随着一些宇宙现象的被发现，宇宙大爆炸理论渐渐为大多数科学家所接受，并且成为许多学科领域的一个前提。我们的讨论就是基于宇宙诞生于大爆炸这个前提。

20世纪20年代后期，爱德温·哈勃发现了"红移现象"，说明宇宙正在膨胀。20世纪60年代中期，阿尔诺·彭齐亚斯和罗伯特·威尔逊发现了"宇宙微波背景辐射"，进一步证明宇宙很可能源于一次大爆炸。

这两个发现给宇宙大爆炸理论以有力的支持。其中一个与我们讨论的问题相关的是宇宙微波背景辐射。

宇宙微波背景辐射被认为是"大爆炸"的"余烬"，均匀地分布于整个宇宙空间。大爆炸之后的宇宙温度极高，之后30多万年，随着宇宙膨胀，温度逐渐降低，宇宙微波背景辐射正是在此期间产生的。

宇宙背景辐射是来自宇宙空间背景，是一种各向同性或者以黑体形式各向异性的微波辐射，也称为微波背景辐射。

1964年，美国科学家彭齐亚斯和R.W.威尔逊为了改进卫星通讯，建立了高灵敏度的号角式接收天线系统。他们用它测量银晕气体射电强度。为了降低噪声，他们甚至清除了天线上的鸟粪，但依然有消除不掉的背景噪声。他们认为，这些来自宇宙的波长为7.35厘米的微波噪声相当于3.5K。1965年，他们又订正为3K，并将这一发现公之于世，因此而于1978年获得诺贝尔物理学奖。

2009年5月，欧航局的"普朗克"探测器从法属圭亚那库鲁航天中心升空入轨，其主要任务是探测宇宙微波背景辐射，帮助科学家研究早期宇宙形成和物质起源的奥秘。

2010年，欧航局根据"普朗克"探测器传回的数据绘制了首幅宇宙全景图。

2013年3月21日，欧洲航天局发布由"普朗克"太空探测器传回数据绘制的迄今最精确宇宙诞生初期的宇宙微波背景辐射图（图1-13）。这是一张5000万像素的宇宙微波背景辐射全景图。展示的图形显示，在椭圆形边缘的图案内，密布蓝色和棕色的光点，代表辐射温度波动。这张图展示"大爆炸"38万年后的宇宙景象。除了以前所未有的精确度很好地验证了宇宙标准模型外，这幅图还反映出一些与现有宇宙理论不同之处，修正了人们此前的认识。根据"普朗克"探测器收集的数据，科学家对宇宙的组成成分有了新的认识，宇宙中普通物质和暗物质的比例高于此前假设，而暗能量这股被认为是导致宇宙加速膨胀的神秘力量则比想象中少，占不到70%。这个比例是有意义的，后面我们将会讨论到。

图1-13　2013年发布的宇宙微波背景图

此外，反映宇宙膨胀率的哈勃常数也被修正至67.15千米/（秒·百万秒差距），即一个星系与地球的距离每增加一百万秒差距（1秒差距约为3.26光年），其远离地球的速度每秒就增加67.15千米。这个数据意味着宇宙的年龄约为138.2亿年。

现在，我们知道，宇宙至少已经有138亿年的历史。我们生活的太阳系，尽管已经广大无边，却也不过是银河系中的一个小小的恒星群而已。人类利用各种手段已经观测到银河系外的星系，称为河外星云。同时还发现了除恒星、行星、卫星、小行星、彗星等星体以外的一些宇宙新星体，包括脉冲星、双子星、黑洞等等。而这一切物质还有暗物质、暗能量的存在，都起源于那一百多亿年前的大爆炸。

宇宙诞生后，不停地以光速向四周散发能量和微粒。这充满宇宙的能量和微粒在旋转奔驰中，随着温度的下降，碰撞和吸引，形成元素、成为云团、结成团块，并且始终都没有停止旋转和进一步相碰相吸，在各种各样的力量和温度的作用下，形成各种各样的星球，并在环境许可的星体上形成分子、大分子、蛋白质等等。这就是呈现在我们面前无限的宇宙和其中星系的来历。

很多观测和实验都证明了这个宇宙诞生模型是可信的。而最令人信服的结论，除了天文观测，主要还来自对物质组成和微观结构的解析。正是元素和基本粒子的种种性质的发现和研究，让人们对宇宙物质的大致成分有了基本认识。并且通过光的解析和星球光谱线分析，认识了很多星球的成分和行为。同时，陨石和太空物质的直接获取，更是直接认识宇宙物质成分的重要方法，虽然人类现在还只拿到了月球和火星上的物质，相信随着人类能力的进一步增强，更多的宇宙物质会被我们直接获得，宇宙的奥秘，会更多地被人类所破解。

得天独厚的地球和人类

在认识了物质微观结构和宇宙宏大的奥秘后，人们逐渐意识到，世界是物质从基本粒子组装出来的。

在宇宙大爆炸几十亿年后，随着宇宙温度的下降，一些由元素组装的分子开始凝聚，结成团块，这些飞速旋转的宇宙物质在组装中遵循着复杂有序的原则。圆形是旋转中可以获得最好稳定性和最小表面的形态，星球因此基本上都呈现为圆形。太阳系是宇宙众多星系中的一个团块，它在高速飞转的过程中，以其巨大的引力捕获了一些较小的星球。地球是这些星球中的一个。根据地球最久远岩石中稳定同位素的测定，地球年龄约在45亿年。地球的奇妙在于它收集了宇宙在大爆炸后形成的几乎所有元素，虽然这些元素在地壳中的含量相差巨大，但周期表中的元素基本上都有，这确实是非常奇妙而又自然的。自然在于，它的大量重要元素的丰度与宇宙中的丰度基本上是同样的，并非有什么"神意"有意平均分配给地球。

人们发现地球在进化中有许多"恰好"的地方。它与太阳的距离恰好，让地球接受到的光能量给地球以适当的温度范围。恰当齐集了几乎所有的元素，能组装出各种气体，并恰好在地壳上空形成大气层。氢气和氧气在空中的剧烈反应组装出水分子，大量的水富集在地球表面。冷却中的地球的高温内核并不平静，早期更是活跃非常，大地隆起和下陷经常发生。高山大海于是形成。一些集聚在洼地的湖水在高温下蒸发浓缩，溶解有各种元素分子的水洼中形成了"原始汤"，在阳光能量的作用下，分子自组装在这种特殊环境中起到了关键的作用。我们前面已经谈到，现在人们发现，即使是水分子，在一定条件下，也会组装出聚合水。因此原始汤中的大分子，组装出更复杂的结构就不足为怪了。直到出现最初的蓝藻细胞，生命从此出现。大自然中在有了生命后，自组装的进程在生命的更替中得以迅速发展。

但是，人类呢？也是这种组装过程的结果吗？

千万年来，面对山山水水、森林草原、飞禽走兽、爬虫游鱼，以及日月星辰、电闪雷鸣、山洪地震等，人们充满了疑问。当人们在这个环境中建立起自己的社会，懂得制造和使用工具后，人们的好奇心不但没减少，反而更加强烈。

我们知道，就"生物"二字而言，人类是生灵万物中最复杂的种群。对人的认识，从解剖学的角度，我们已经深入到人类DNA的层面，在做基因方面更深层次的探索。但是，无论就人的个体还是整体来说，确实有一些最基本的问题，并没有明确的答案。这些最基本的问题，其实也是一个老生常谈的问题，这就是著名的人类三问：

——我们是谁？

——我们从哪里来？

——我们到哪里去？

现在，科学已经明确地回答了这些问题。我们是物质进化过程的无数路径中走得最远的一个分支，是物质进化的最高产物，是生物进化的最高阶段。我们仍将继续这种组装过程，持续生物进化的过程。有一种"意识"在支持着这个无穷尽的过程，让人类发展到更好。虽然不能阻止分支路径的出现，但总有一支会走得最远，代表着物质追求完美、趋向复杂和有序的过程。

　　这样说来，物质是有意识的吗？

02 第二章

物质是有意识的吗

人类的意识

在我们的常识中，只有人类才谈得上有"意识"。

当然，人的意识被研究得最多。因为意识已经成为多个学科的研究对象。意识问题涉及的学科，包括认知科学、神经科学、心理学、计算机科学、社会学、哲学等。这些领域从不同的角度对意识进行的研究使人们对人类的意识有了较为全面的了解。

最初的心理学仅仅是哲学的一个分支，那时意识问题完全是哲学讨论的问题。直到被公认为现代心理学的创立者——德国心理学家冯特使心理学脱离了哲学，成为了一个独立的学科后，意识成为心理学的一个重要研究领域。

直至20世纪50年代，认知科学的飞速发展，为研究意识问题又开辟了许多新的途径，终于使意识问题的研究走上了科学的轨道。尤其是DNA模型创立者——克里克等人的努力，使这个问题在神经科学研究的范围内，也占据了相当大的位置。也就是说，意识的研究已经从哲学到心理学再回归到生理学。

这表明意识是具有生理学基础的科学现象，也即是有物质基础的生理现象，与大脑细胞和DNA都有密切关系。

现在都知道，遗传基因是可以改变的。个体或种群随着对环境的适应，会通过基因的改变来繁殖生成更有适应性的后代。在后面的讨论中，我们会看到，基因改变的信息，不只是来自于个体的经验或意识，也会来自群体的经验或意识。这需要解释。

比较科学的定义说，意识是生物体基于对外界的感知，从而通过各个接收器官形成脑电流传送给大脑的一个电流交换的表现；这样的表现被储存在大脑分管记忆的区域；反复接触同一个事物，会重复刺激产生相同的脑电流，从而刺激大脑中记忆部分中的以往意识，这也就形成了记忆了，因此意识也是形成记忆的基本组成部分。

对人类而言，意识是人对环境及自我的认知能力以及认知的清晰程度。

同时，对意识的研究也扩展到对潜意识和无意识，当我们从生理学的角度来探讨这些问题时，就更具有科学的价值和意义。

至于潜意识，是人们不能认知或没有认知到的部分，是人们"已经发生但并未达到意识状态的心理活动过程"。

实际上，潜意识也好，无意识也好，其实都是意识的一部分，是意识的不同状态或阶段，或者说是被我们压抑或者隐藏起来的意识。潜意识蕴藏着我们一生有意无意、感知认知的信息，但是在某个时机能自动地排列组合分类，并产生一些新意念。所以我们可以给它指令，把我们成功的梦想、所碰到的难题化成清晰的指令经由意识转到潜意识中，然后放松自己等待它的答案。有不少人苦思冥想某一问题，结果却在梦中，或是在早晨醒来，或在洗澡时，或在走路时突然从大脑里蹦出了答案或灵感。由于这种潜意识的闪现是暂态的，如果不经意间放过去了，其后会忘记。所以我们要准备好纸和笔，随时记下突然而来的灵感。我自己往往在凌晨半醒状态时，会有最清楚的思路和构想，包括好的诗句或某个推理，如果不记录下来，早上完全清醒后，反而记不起来，忘掉了。因此，我准备了一个笔记本和一支笔，放在枕边，在清晨醒来时，随时记下这种所谓的"灵感"。

人类所具有的各种意识由于社会环境的复杂和历史、文化、经验的积累而显得非常强烈，例如自我保护意识、身份认同意识等。并且处在不同的历史时期和不同环境的人的意识是不同的。由此在哲学上衍生出"意识形态"的概念，定义一定历史时期一定群体的社会观念集合。可见意识的概念是动态的。

意识尤其受环境的影响，不可能超越环境产生出脱离环境的意识。意识受环境限定的特性非常重要，这定义了意识与思想的区别。不会有超越环境的意识，但是有超越环境的思想。思想可以"天马行空"，意识只是对环境的本能的反应，是基于对所处环境的判断作出的反应。因此，人类既有意识，更有思想。这种复杂的形态有时会模糊了人类意识和思想的界线，从而将思想与意识混为一谈，当成人类独有的专利。

那么，意识是不是只是人类的专利呢？不是，人们发现，动物也是有意识的。

动物有意识吗

很多研究表明，动物是有意识的。

2012年7月，一些科学家签署了一份剑桥宣言，支持动物有自主意识的观点。这些动物包括哺乳动物、鸟类甚至章鱼。

说到章鱼，大家一定会想到近几年被炒作的热门的"章鱼预测师"，这就是"章鱼保罗"（图2-1）。它出生英国，在德国长大。保罗在南非世界杯上已经"成功预测"了德国胜澳大利亚、加纳，输给塞尔维亚的小组赛赛果。它"预测"的欧洲杯的赛事，命中率也有8成。"出道"两年的章鱼保罗在2008欧洲杯和2010世界杯两届大赛中"预测"14次猜对13次，成功率飙升至92%，堪称不折不扣的"章鱼帝"。2010年8月23日章鱼保罗再续世界杯之缘，成为英格兰2018年世界杯的申办大使。2010年当地时间10月25日晚间（北京时间10月26日上午）章鱼保罗在德国的奥博豪森水族馆死亡。足球在世界体育运动中的地位促使博弈者借这条章鱼进行了成功的炒作。

虽然只是一场炒作，却也算是做了一次动物学科普，让不少人了解到章鱼确实具有较绝大多数水族动物发达的"大脑"。通过基因解码，科学家发现章鱼拥有 33000 组基因，较之人类大概多 10000 组，这让它们能够建立神经网络，这解释了为什么章鱼具有学习能力。和人类一样，章鱼也有不小的大脑，还有一双具备虹膜、视网膜和水晶体的眼睛。

图2-1 观测足球比赛的章鱼保罗

多年从事章鱼研究的专家吉姆·科斯格罗夫指出，章鱼具有"概念思维"，能够独自解决复杂的问题，正是此种能力使其具有用两足行走的本领。吉姆·科斯格罗夫在法国《费加罗杂志》上撰文称，章鱼是地球上曾经出现的与人类差异最大的生物之一。章鱼有很发达的眼睛，这是它与人类唯一的相似之处。它在其它方面与人很不相同：章鱼有三个心脏，两个记忆系统（一个是大脑记忆系统，另一个记忆系统则直接与吸盘相连），章鱼大脑中有5亿个神经元，身上还有一些非常敏感的化学的和触觉的感受器。这种独特的神经构造使其具有超过一般动物的思维能力。

具有较高级意识的动物还有大家熟悉的黑猩猩。

早在1970年，美国纽约州立大学做了一项实验，实验者将4只黑猩猩放在了镜子前。一开始，黑猩猩以为镜中的像是别的黑猩猩，它们或怒目相向或视而不见。3天后，它们开始对镜"梳妆"，表明已察觉镜中的黑猩猩可能是它自己（图2-2）。10天后，实验者将其麻醉，把红点染在它们的前额和耳尖，待黑猩猩清醒后，记录它们对着镜子触摸红点的次数。结果发现，黑猩猩会反复触摸红点，说明它们已经知道镜子里的是自己。

只有黑猩猩、海豚和人具有自我意识的观点，曾一度保持了36年。虽然各国的科学家们都孜孜不倦地在各种动物面前摆上镜子，但实验均以失败告终。直到2006年，一头名叫"快乐"的亚洲雌象才带给了他们惊喜，证明并非只有黑猩猩、海豚这些动物才有自我意识，大象也具有自我认知能力，也会照镜子。章鱼也具有这种能力。

图2-2　猩猩照镜子

心理学家认为，大多数动物缺乏体会嫉妒、困窘、移情和内疚等高级情感的自我意识，因为这些情感远比愤怒、欲望或高兴等与即时反应相关的情感复杂。而英国的一项科学研究却发现，狗不愿看到主人对其他动物，尤其是其他的狗表现出关注，当主人把新男友或女友带回家时，它们也会表现出抵触情绪。

此前研究人员还对牛、马、猫、羊等动物进行了类似研究，结果表明，动物的自我意识远远超出人的意料。英国朴茨茅斯大学从事动物情感研究的心理学家保罗·莫里斯在接受《星期日泰晤士报》采访时说："我们发现狗、马，可能还有其他很多动物的情感比我们预想的丰富得多，它们同样会表现出多种简单的感情形式，而之前我们以为只有灵长类动物才具有这样的高级情感。"

越来越多的证据表明动物是有意识的，并且近年来也逐渐在一些与人类相去甚远的动物身上涌现出来，比如鸟类和头足纲生物。

"大脑皮层的缺失并不妨碍这些有机体经历情感活动。从神经解剖学、神经化学和神经电生理学的角度来说，非人类生物也是有表现其意识的能力的。"这些科学家联合发表的声明中这样说："意识研究领域正在迅猛发展。许多研究方法已经可以不破坏生理结构也能获得结果，因此在非人动物实验中某些破坏性的方式是否必要都需要重新评估。

"情绪似乎并没有被局限在大脑皮层上。实际上皮质下神经网络对情绪的产生和表达也是非常重要的。大脑分区表达不同的情感在人类和非人动物身上都有体现。无论是本能的情绪，还是经验获得的情绪，包括奖惩系统都是一致的。对大脑深处进行电刺激也能产生类似的情绪变化。而这些在演化上很早就出现了，比如章鱼身上就发现了这种现象。

"而在鸟类身上则发现了快波睡眠，以往认为这种现象只在拥有大脑皮层的哺乳动物身上才有。这些与类人生物的惊人相似之处都在实验中被发现。

"在人类中，某些致幻剂会干扰对事物的认知和表达，而在非人生物中也有体现。"

事实上，早在100多年前，达尔文就曾明确表示动物具有某种"判断力"，他谈到了动物的内心冲动和智力发育，谈到了狗的羞耻感。在他看来，动物是拥有意志和愿望、具备感觉和想象力的生灵，有着与人相似的精神和心理活动。

动物意识的研究及其进展具有的意义不只是动物保护主义方面的。这种研究建立在科学的基础之上，其物理依据是动物神经网络系统，这已经超出了意识是大脑的产物的定义范围，将意识的物质基础向更基本的物态推进。这是极具意义的进展。

进展到这个阶段的意识理论，很自然地会出现对意识的程度的界定问题，这就是高级意识和初级意识的问题，有人也称之为"意识的度"。例如人类有完全的自主意识，具强烈产生意识的能力，而高级动物则有近似于人类的意识能力，但其程度是要低级一些的，例如灵长类动物、海豚等。再低一个层次的就是家畜等人类豢养的动物，例如狗、猫等，更低级的则如同章鱼这类水族动物。这些动物在不同层面都具有与环境相适应的意识。这种对环境的识别意识在昆虫身上也有明显的体现。

昆虫是动物中的一个大类，它虽然只是无脊椎动物中的一个节肢动物，却是世界上数量最多的动物，在所有生物种类中占50%，踪迹遍布世界各个角落，达100多万种，最常见的有蝗虫、蝴蝶、蜜蜂、蜻蜓、苍蝇、草蜢、蟑螂、蚂蚁等。由于昆虫种类太多太多，人们只能就与生活相关度高的品种进行研究。这些被研究得比较多的昆虫中，最著名的就是蜜蜂。

要想了解昆虫而又不想啃教科书的话，可以读一读《昆虫记》（也叫做《昆虫物语》《昆虫学札记》和《昆虫世界》，英文名称是《The Records about Insects》），这是法国杰出昆虫学家法布尔的传世佳作，亦是一部不朽的著作。它不仅是一部文学巨著，也是一部科学百科。它融作者毕生研究成果和人生感悟于一炉，以人性关照虫性，又用虫性反观社会人生；是将昆虫世界化作供人类获得知识、趣味、美感和思想的美文。对于我们理解昆虫的意识是很有帮助的。

蜜蜂在地球上已经生活了几千万年，有些品种至今都仍然生存得很好。虽然过着群体的生活，但是，蜂群和蜂群之间是互不串通的。蜂巢里存有大量的饲料，为了防御外群蜜蜂和其它昆虫、动物的侵袭，蜜蜂形成了守卫蜂巢的能力。蜇针是蜜蜂的主要自卫器官。

蜜蜂的嗅觉灵敏，它们能够根据气味来识别外群的蜜蜂。在巢门口经常有担任守卫的蜜蜂，不使外群的蜜蜂随便窜入巢内。在缺少蜜源的时候，经常有不是本群的蜜蜂潜入巢内盗蜜，守卫蜂立即搏斗。但是在蜂巢外面，情况就不同了，比如在花丛中或饮水处，各个不同群的蜜蜂在一起，互不敌视，互不干扰。

由蜜蜂的靠采花生活并且因此帮助花卉完成花粉的异花授粉，我们会想到，花是怎样知道蜜蜂能够帮它们传授花粉的？

从而，植物也有意识吗？

是的，答案是肯定的。

植物的意识

地球上最早出现的植物距今已经有二十五亿年（元古代），属于菌类和藻类。藻类一度非常繁盛，直到四亿三千八百万年前（志留纪），绿藻摆脱了水域环境的束缚，首次登陆大地，进化为蕨类植物。

三亿六千万年前（石炭纪），蕨类植物绝种，代之而起是石松类、楔叶类、真蕨类和种子蕨类，形成沼泽森林。古生代盛产的主要植物于二亿四千八百万年前（三叠纪）几乎全部灭绝，而裸子植物开始兴起，进化出花粉管，并完全摆脱对水的依赖，形成茂密的森林。

在距今一亿四千万年前白垩纪开始的时候，更新、更进步的被子植物就已经从某种裸子植物当中分化出来。

进入新生代以后，由于地球环境由中生代的全球均一性热带、亚热带气候逐渐变成在中、高纬度地区四季分明的多样化气候，蕨类植物因适应性的欠缺进一步衰落，裸子植物也因适应性的局限而开始走上了下坡路。这时，被子植物在遗传、发育的许多过程中以及茎叶等结构上的进步性、尤其是它们在花这个繁殖器官上所表现出的巨大进步性发挥了作用，使它们能够通过本身的遗传变异去适应那些变得严酷的环境条件，反而发展得更快，分化出更多类型，到现代已经有了90多个目、200多个科。正是被子植物的花开花落，才把四季分明的新生代地球装点得分外美丽。

植物是生命的主要形态之一，包含了如树木、灌木、藤类、青草、蕨类及绿藻地衣等熟悉的生物。种子植物、苔藓植物、蕨类植物和拟蕨类等植物中，据估计现存大约有350 000个物种。到本世纪初，其中的287 655个物种已被确认，其中包括258 650种开花植物和15 000种苔藓植物。绿色植物大部分的能源是经由光合作用从太阳光中得到的，温度、湿度、光线是植物生存的基本需求。

植物是无生命物质与动物的重要过渡物种。所有植物的祖先都是单细胞非光合生物，它们吞食了光合细菌，二者形成一种互利关系：光合细菌生存在植物细胞内（即所谓的内共生现象）。最后细菌蜕变成叶绿体，它是一种在所有植物体内都存在却不能独立生存的细胞器。

植物通常是不运动的，因为它们不需要四处寻找食物。靠接受阳光和土壤中的水分来获得维持生命和成长的养料。

植物既然是有生命的，那它有意识吗？答案是肯定的：植物是有意识的。这源于意识是生命的本能。植物也是生命，所以植物具有意识。

最直接的证据其实就是植物由低级向高级持续的进化。先不说植物是如何在地球表面产生出来的，单就它历经二十多亿年的发展，随着地球环境的改变而改变，延续到现在，没有意识是不可想象的。

它们通过对环境的适应不断修正自己的形态，让自己能够存活并成长，枝繁叶茂，开花育种。没有意识的话，这些是怎么可能做到的？当然，人们限于对人类意识的理解，需要有更具有说服力的形象的证据来说明植物的意识。

在进化过程中，植物对环境有意识的反应的一个例子，是植物与动物的互动。

在自然界出现动物以后，植物的繁殖出现了借助动物传播种子的变化。由于有动物可以帮助雄蕊和雌蕊之间的授粉（类似于动物的精子与卵子的交配），被子植物依据对动物行为模式，在进化过程中出现了各种借动物传播种子的方法。例如产生香气和鲜艳的花色来吸引蜜蜂，用香甜的果实来吸引动物享用，让果核有机会在适合的环境中种下、成长和繁衍。

利用蜜蜂的采蜜来授粉，是这种行为中典型的例子（图2-3）。毫无疑问，蜜蜂在采花粉时如同对花授粉，当蜜蜂在花间采花粉时，会掉落一些花粉到花上。这些掉落的花粉关系重大，因它常造成植物的异花传粉。蜜蜂身为传粉者的实际价值比其制造蜂蜜和蜂蜡的价值更大。植物是如何能感知外界环境变化的？如何知道香气和花色能吸引动物？如果没有应对外界环境变化的意识，这一切就都很难说得通。

图2-3 花与蜜蜂

　　植物通过光合作用产生化生化学反应，获得能量，使自己生长，通过对外界气候的变化调节生物节律，这都是对环境有意识的反映。光照和气温是很容易被感知的环境因素。通过根系对水源的追求，向土壤纵深有水的地方延伸，在岩石缝隙中生根等等，都表现出植物求生存的强大能力，已经表现出一种意志，而不仅仅是意识。而感知动物的行为；对动物嗅觉、视觉的利用，这是植物具有更高级环境识别意识的体现。

　　某些玉米品种用一种有意识的杀灭方法对付它们的第一号敌人玉米螟。只要有第一条玉米螟的幼虫啃咬某一植株，该植株便会进行唾液分析，确定敌人的种类，然后释放一种气味，向整片玉米地发出警报。其他植株纷纷响应，玉米地于是笼罩着这种气体，引来大群马蜂。马蜂在蜇刺玉米螟虫茧时同时送进一枚卵，接着从茧内长出一只马蜂，关起门来吃掉玉米螟。最多两个星期，玉米地里所有的玉米螟幼虫便死于这场"血洗"。

　　有研究表明，植物不但利用动物来传花接种，而且也有一种靠食用动物生存的植物，并甚至派生出有"食人花"和"食人树"的传说。当然，经科学家证实，这些都是杜撰出来的故事。真实存在的，只是有一种"食肉植物"，准确地说是食昆虫植物。

　　追踪有关吃人植物的最早消息是来自于19世纪后半叶的一些探险家们，其中有一位名叫卡尔·李奇的德国人在探险归来后说："我在非洲的马达加斯加岛上，亲眼见到过一种能够吃人的树木，当地居民把它奉为神树，曾经有一位土著妇女因为违反了部族的戒律，被驱赶着爬上神树，结果树上8片带有硬刺的叶子把她紧紧包裹起来，几天后，树叶重新打开时只剩下一堆白骨。"于是，世界上存在吃人植物的骇人传闻便四下传开了。这些传闻性的报导使植物学家们感到困惑不已。为此，在1971年有一批南美洲科学家组织了一支探险队，专程赴马达加斯加岛考察。他们在传闻有吃人树的地区进行了广泛地搜索，结果并没有发现这种可怕的植物，倒是在那儿见到了许多能吃昆虫的猪笼草和一些蜇毛能刺痛人的荨麻类植物。这次考察的结果使学者们更增添了对吃人植物存在的真实性的怀疑。

　　既然植物学家没有肯定，那怎么会出现吃人植物的说法呢？艾得里安·斯莱克和其他一些学者认为，最大的可能是根据食肉植物捕捉昆虫的特性，经过想象和夸张而产生的；当然也可能是根据某些未经核实的传说而误传的。根据现在的资料已经知道，地球上确确实实地存在着一类行为独特的食肉植物（亦称食虫植物），它们分布在世界各国，共有500多种，其中最著名的有瓶子草、猪笼草和捕捉水下昆虫的狸藻等。

　　艾得里安·斯莱克在他的专著《食肉植物》中指出，这些植物的叶子变得非常奇特，有的像瓶子，有的像小口袋或蚌壳，也有的叶子上长满腺毛，能分泌出各种汁液来消化虫体，它们通常捕食蚊蝇类的小虫子，但有时也能"吃"掉像蜻蜓一样的大昆虫。这些食肉植物大多数生长在经常被雨水冲洗和缺少矿物质的地带，由于这些地区的土壤呈酸性，缺乏氮素营养，因此植物根部的吸收作用不大，为了满足生存的需要，它们经历了漫长的演化过程，变成了一类能吃动物的植物。但是，艾得里安·斯莱克强调说，在迄今所知道的食肉植物中，还没有发现哪一种是像某些文章中所描述的那样：生有许多长长的枝条，行人如果不注意碰到，枝条就会紧紧地缠来，枝条上分泌出一种极粘的消化液，牢牢地把人粘住勒死，直到将人体中的营养吸收完为止。

　　当然，植物具有的意识，没有动物意识那样明显，更没有人类的意识那样强烈，所以被称为MC（微意识）。植物的许多趋利避害的生长行为正是它们对环境有意识的反映。包括它们为了传播花粉和利用动物来播种等等，都是其有意识的例子。人类也好，动物也好，植物也好，所有表现出来的自主意识都是为了得到更好的生存环境和成长结果。这可以说是生命的普遍的意识。这种意识都表现为一种意志（意识的指令）：组装到更好。

自然界在进化过程中所体现出来的这种强烈意识及其产生的成果，给了我们一个无比奇妙的世界。这个世界还仍然在进化组装过程中。因为物质最高意识的体现者——人类，正在走向更远更远的进化之路。

基本粒子的组装意识：意识的新定义

在了解了自组装是物质进化的重要过程之后，人们很容易想到：物质是有意识的吗？这可是一个非常敏感的话题。

我们谈论物质的意识，很容易被认为是在宣传某种宗教或过时的陈旧哲学观。例如"万物有灵论"、"泛灵论"等等。因为我们所要讨论的问题与这些曾经出现过的论调，或许会有"似曾相识"的感觉。虽然我可以断然地说，绝非如此，但不得承认有时难以完全避开某些表述上的"相似"性。因此，有必要得对这一点预先加以说明。

泛灵论(Animism)是曾经流行过的一种唯心主义的哲学思想，又名万物有灵论。发源并盛行于17世纪，后来则引申为宗教信仰种类之一。泛灵论认为天下万物皆有灵魂或精神，并且控制和影响其他自然现象。这种论调抹杀了有机物和无机物之间的区别、生命和非生命之间的差别、物质和意识的界限，认为任何物质形态都具有感觉和思维能力，因而是一种不科学的理论。现代科学证明，并不是任何物质形态都有感觉、生命。我们所讨论的物质的意识与任何物质都有感觉、有生命是根本不同的概念，绝对不可以混为一谈。因此，物质意识论绝非泛灵论。

有生命就有意识，这比较容易理解，本章前几节已有论述。如果说物质也有意识，怎么理解呢？

这里确实得事先申明，所说的物质的意识不是指宏观的任何一种无生命物体的意识，例如桌椅、建筑、书本等等，而说的是构成自然的物质的基本粒子的属性。或者说，物质有意识，指的是构成物质的基本粒子的属性，而无生命的物体是没有意识的。

我们通过物质的进化过程，可以合理地论述这个观点。

物质从元素到分子，从大分子到蛋白质、从单细胞到多细胞，从植物到动物，这个历经了上百亿年的漫长的进程，是靠什么支持其持续地沿着由低级向高级发展的？

一百多亿年啊，直到20多亿年前才开始出现生命，这以前的几十亿年，元素在剧烈的热核反应中聚集，形成气团、结成团块、形成星球，都是在由低级形式向高级形式转变。为什么会这样？如果没有一种意识，它完全可以停止在任何一个阶段，不用走到今天这个境地。可以永远是核爆，可以永远是死球，可以永远是没有生命的宇宙。但事实不是这样，一切都在发生着，在进化着。只要有适当的机会，这个过程就得以持续。为什么会是这样？这需要有科学的解释，不能用"神"来搪塞，这种情形，只能解释为这是物质的本能，进化是物质的本能。这种本能就是组装意识。

这时我们会想起本书一开始就说到的布朗运动。水分子在那里不停地运动，那不是盲目地"乱窜"，是寻求有序的组装路径。通过不停息的运动、碰撞、组合，水簇、聚合水、凝胶等复杂的结构得以呈现。尽管概率可能极低，机会可能极少，但有多少亿年的时间持续组装，总有一支"中彩"构形，使自己走得更远。这种运动中的组装，不是完全"盲目"的自发行为，而有着一种基因的指导，这就是存在于物质结构内部的"遗传基因"：以光子为载体的自组装信息。光子是物质在微观结构中的"DNA"，组装意识是它的基因片断。（图2-4分子自组装示意。）

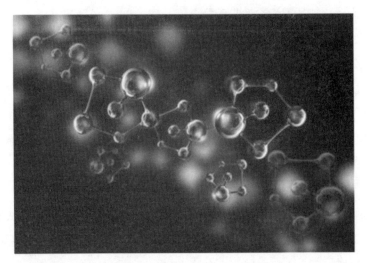

图 2-4 光合细菌分子自组装

由此我们可以试着给原来只针对生物才有意义的意识下一个新定义：

意识是物质对环境的判断和感应，并由此产生出的行为指令。

这就是本书所推论的超越生物意识限定的普遍意识的概念。

当然，这里需要特别指出的是，物质只会产生与自己的状态和环境相适应的意识。这就为意识的度提供了很大空间。这就是高级意识、低级意识和初级意识（意识单元或单元意识）。低级的物态不可能产生高级的意识。但是，即使是最初级的意识也包含有"组装"的概念，这个组装意识就是意识的最基本单元，是物质意识的"基因"。这是物质进化的内在潜力。有这种意识并且会变化为行为指令，才会有组装行为。只要条件成熟，组装就会自然地产生。由简到复杂，由低级向高级，意识总在这种组装的进化中起作用。

从进化论的角度，我们看到高级生命是由低级生命进化而来的，低级生命是由无生命物质进化而来的。

无生命的物质如何进化出生命？这个过程已经被科学家千百万次地推演，配制各种"原始汤"，模拟无生命物由低分子向高分子再向大分子、蛋白质的进化过程。但是，更令人深思的是：这些从元素到分子再到大分子的进化，为什么是可持续的？如果没有物质自组装的意识，这个过程可以走这么远吗？进化中的这种由低级向高级变化只有极低极低的几率，这些进入进化程序的物质是在何等坚持的意志的支持下才完成的啊。这只能是一种物质的普遍的意识，一种不可删除的进化的信息在所有个体内的储存，才使得物质一有机会，就要进化。这就是物质的自组装意识。

"感应"是物质对环境条件的反馈。在环境条件不成熟时，物质就不会执行组装"行动"，相反会进入"反程序"，自然界的"自分解"、"腐蚀"、生命的死亡等。这个过程在广义上仍然是"自组装"的另一种形式，使通过繁衍进化的过程，将在存在中积累的信息"遗传"给下一代。总的趋势，仍然是趋向复杂和有序。因此，物质与环境永远是互动的。

趋向复杂和有序，这正是物质从开始自组装起就一直坚持表达的信息。它从一开始就作为一种组装意识存在于微粒中，进而在组装过程中一直保留在所有组装成更高级阶段的物质的基本微粒中。只要条件成熟，这种意识就会被唤醒。

这种意识的坚持与传递在出现生命以后，特别是出现动物以后，有了明显的提速。人类的出现大大促进了物质进化的速度。人类在上万年的历史中所促进的物质与精神文明的发展，比此前物质多少亿年的进化都要快得多。意识也在这种进化中一再升级，达到现在人类强烈的自我意识的程度。并且通过人类对物质的认识使之实现物质的更高级形式的进化，有了新路径。人在实现物质的更高级的进化方面，现在正在进入一个关键时期。有人认为这就是所谓"奇点"的来临，有人以为这将是人类的末日，实际上，这是物质进入更高级形式的开始，应该是人类的福音。

意识与意志

我们在给意识做的最新定义中，指出意识能转变为行为的指令。这在高级意识中特别明显。

确实，高级意识与行为是紧密相随的，它包含有思维和推理，但它是比思维和推理更高级的生理过程，是一种基于信息储存和读取对外界（环境和动态）做出的迅速反应。思想和推理得出的结论可以继续储存，可以保留、可以怀疑、可以推翻重来，可以增补，当然也可以引导行为。但这种行为是渐次的，不是要立即执行的。由意识导致的行为有时是需要立即执行，甚至是"下意识"的快速反应。

思维和推理等的这些心理和生理过程，都可以包含在高级意识中。因为意识在做出判断以形成指令时，会用到这些储存的或获得的信息（经验、经历等构成的信息）。但是我们从动物的意识中可以观察到极快速的生理反应，往往产生出直接的行为。例如我们多次提到的面临危险时的反应。意识导致的行为有时也表现为一种意志，使由意识形成的指令持续地、"固执"地执行。因此，意识是比思维更本能的生理活动。当它转变为意志时，会变成群体的行动。这给我们解读意识以新的视角。

意志比意识更容易被认为是只有人类才特有的生理现象。被定义为人类有意识、有目的、有计划地调节和支配自己的行动的心理现象。其过程包括决定阶段和执行阶段。决定阶段指选择一个有重大意义的动机作为行动的目的，并确定达到该目的的方法。执行阶段即克服困难，坚定地把计划付诸实施的过程。意志的调节作用包括发动与预定目的相符的行动以及抑制与预定目的矛盾的愿望和行动两方面。

例如，《心理学大辞典》中定义："意志是个体自觉地确定目的，并根据目的调节支配自身的行动，克服困难，实现预定目标的心理过程。"被认为是人类特有的心理现象。以至于有人提出了"意商"的概念，认为是人的素质的重要参数，是衡量人想方设法坚持达到自己目标的能力。甚至有人建立了测量意志力的数学模型，用以定量地衡量人的意志力强度，并且确定人的意志的强度与其行为的价值成正比而与持续的时间成反比。

但是，群体意志的强度有时是惊人的，而群体意志的形成，需要有个体的共鸣。有时这种共鸣表现为盲目性，但在潜意识里，其实是认同的。这就是群体出现疯狂行为时的意志背景。可以说，"物以类聚，人以群分"，是有生理学和心理学背景的。

我们同样会发现，这种由意识产生的意志，并非是人类的专利。动物的意识在种群中达成共识时，产生的疯狂比人类有过之而无不及。

而这种共识的达成，是需要媒介的。我们很容易想到，自组装是一种物质意识，同样需要有共识的基本粒子，才可以表现为组装的行动和结果。这样说来，分子的组装是不是也需要达成共识呢？如果需要，自组装意识在分子之间是如何传递的？水分子是如何互相联系而结成冰花的？

这显然是很有趣味的问题。

03 第三章

生物信息的传递

读梦机

在网络世界中，有一个热门的领域叫"虚拟现实"。

我们闭上双眼，在那里冥想、思考、推理、运算。依据个体的差异，这种用脑的过程中会出现各种"虚拟场景"，即我们冥想中运用大脑中存储的信息和知识推演、得出结论的过程。这个过程有时很快速，有时很缓慢，这要看这个大脑这时所接收到的是什么样的指令。如果要立即采取行动，那这种推理有时是瞬间就完成的；而如果只是回忆时光，那会慢慢享受过程，有如电影的回放。现在，电脑已经可以将这种人脑虚拟的场景用动漫技术合成出视频信号，并且是可以与人互动的。这就是"虚拟现实技术"。现在这种技术在网络游戏、网上社区中都在大量应用。一些基于虚拟现实的新产品也不断开发出来。

人们都会做梦，那是信息片断不连续或无序的连接在"脑屏"中的显示。做梦被称为"无意识"或"潜意识"的行为。人们一生中会做许多梦，对梦进行解析已经成为一门学问。最著名的当然是弗洛伊德的《梦的解析》。但是他绝不会想到，现在已经可以用电脑来对梦进行解析。这种用仪器来解读梦境的技术，是建立在人脑存在脑电波这个基础上的（图3-1）。

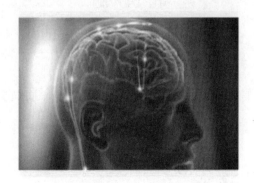

图3-1 大脑电波

笔者两年前策划一部"盗梦"科幻小说时，构思了一种"读梦机"，就是利用无线接入技术，让不知情的人睡在一种特殊枕头（实际上是一台无线脑波接收与发送设备）上，将做梦时的脑电波发射到读梦人的接收机上，并经解读后，在电脑屏幕上显示出三维的模拟梦境。这是基于我当时已经了解的无线局域网和脑电波这两项技术所能构思的一种未来可能诞生的仪器。这本是科幻，也是超前的一种科技设想。没有想到一年以后，读到一条新闻，说美国已经有人开发出了"读梦机"，虽然不是无线读取，但将脑波通过3D技术还原为"梦境"的原理正是一样的构思！

读梦机的出现，可以说是脑电图仪的一种升级换代。

科学家为了认识脑意识的科学性和物质基础，根据现代电学和生物学知识，希望找到人脑意识活动的电性能特性，从而研制了读取人类脑电波的仪器，这就是脑电图仪。这种仪器已经为诊断和治疗脑病患者提供了帮助，我们有理由感谢和庆幸这种仪器的发明。

那么，大脑是如何发送脑电波，人们又是用什么方法来读取脑电波呢？

要了解这些问题，这得先认识大脑。

认识大脑

人类的大脑是世界上最为复杂和奇妙的组织。人们对它的认识仍然还是肤浅的。

当然，从解剖学角度，人类对大脑的结构已经有了比较全面的认识。

大脑主要包括左、右大脑半球，及连接两个半球的中间部分，即第三脑室前端的终板，是中枢神经系统的最高级部分。人类的大脑是在长期进化过程中发展起来用于思维和形成意识的器官。大脑由大脑皮层、脑沟、脑回、脑叶、小脑和脑延等构成（图3-2）。

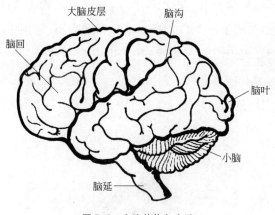

图3-2 大脑结构与分区

大脑的断面分为白质与灰白质。大脑的灰白质是指表层的称为大脑皮质的一层，大脑皮质是神经细胞聚集的部分，具有六层的构造，含有复杂的回路，是思考等活动的中枢。相对大脑皮质，白质又称为大脑髓质。

间脑由丘脑与下丘脑构成。丘脑与大脑皮质、脑干、小脑、脊髓等联络，负责感觉的中继、控制运动等。下丘脑与保持身体恒常性、控制自律神经系统和感情等相关。

一个人的脑储存信息的容量相当于1万个藏书为1000万册的图书馆。以前的观点是，最善于用脑的人，一生中也仅使用了脑能力的10%，但现代科学证明这种观点是错误的，人类对自己的脑使用率是100%，脑中并没有闲置的细胞。人脑中的主要成分是水，占80%。脑虽只占人体体重的2%，但耗氧量达全身耗氧量的25%，血流量占心脏输出血量的15%，一天内流经脑的血液为2000升。脑消耗的能量若用电功率表示大约相当于25瓦。

大脑的80%是水，准确地说是电解质溶液或细胞液，所以它有些像豆腐。但不是白色的而是淡粉色的。组成人类大脑最基本的生命体单元是脑细胞。大脑由约140亿个细胞构成，重约1400克，大脑皮层厚度约为2～3毫米，总面积约为2200平方厘米。据估计脑细胞每天要死亡约10万个（越不用脑，脑细胞死亡越多）。

细胞是所有生物体最基本的生命单元。人体或动物体的各种细胞虽然形态不同，基本结构却是一样的（图3-3），有细胞膜、细胞质、细胞器、细胞核、溶酶体等。细胞内部有细胞器：细胞核，双层膜，包含有由DNA和蛋白质构成的染色体。内质网分为粗面的与光面的，粗面内质网表面附有核糖体，参与蛋白质的合成和加工；光面内质网表面没有核糖体，参与脂类合成。

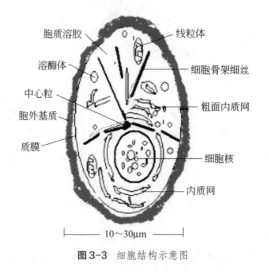

图3-3 细胞结构示意图

大脑由脑细胞构成，其中信息传递的主要通道是神经元。神经元是传递和执行大脑指令的重要通道，由神经细胞构成。神经元的胞体（soma）在大脑和脊髓的灰质及神经节内，其形态各异，常见的形态为星形、锥体形、梨形和圆球形状等。胞体大小不一，直径5～150μm。胞体是神经元的代谢和营养中心。

胞体的结构与一般细胞相似，有细胞膜、细胞质和细胞核。这些细胞组织的结构和作用如下。

（1）细胞膜：胞体的胞膜和突起表面的膜，是连续完整的细胞膜。除突触部位的胞膜有特有的结构外，大部分胞膜为单位膜结构。神经细胞膜的特点是敏感而易兴奋。在膜上有各种受体和离子通道，二者各由不同的膜蛋白所构成。形成突触部分的细胞膜较厚。膜上受体可与相应的化学物质神经递质结合。当受体与乙酰胆碱递质或 γ - 氨基丁酸递质结合时，膜的离子通透性及膜内外电位差发生改变，胞膜产生相应的生理活动：兴奋或抑制。

（2）细胞核：多位于神经细胞体中央，大而圆，异染色质少，多位于核膜内侧，常染色质多，散在于核的中部，故着色浅；核仁1～2个，大而明显。细胞变性时，核多移向周边而偏位。

（3）细胞质：位于核的周围，又称核周体，其中含有发达的高尔基复合体、光面内质网，丰富的线粒体、尼氏体及神经元纤维，还含有溶酶体、脂褐素等结构。具有带分泌功能的神经元，胞质内还含有分泌颗粒，如位于下丘脑的一些神经元。

（4）尼氏体：又称嗜染质，是胞质内的一种嗜碱性物质，容易被碱性染料所染色，多呈斑块状或颗粒状。它分布在核周体和树突内，而轴突起始段的轴丘和轴突内均无。依神经元的类型和不同生理状态，尼氏体的数量、形状和分布也有所差别。典型的如脊髓前角运动神经元，尼氏体数量最多，呈斑块状，分散于神经元纤维之间，有如虎皮样花斑，故又称虎斑小体。而在脊神经节神经元的胞质内，尼氏体呈颗粒状散在分布。

（5）细胞体：是细胞含核的部分，其形状大小有很大差别，直径为4～120微米。核大而圆，位于细胞中央，染色质少，核仁明显。细胞体内有斑块状的核外染色质（即尼氏体），还有许多神经元纤维。

神经细胞的结构特点是中细胞体上还生长有神经细胞突起（图3-4），是由细胞体延伸出来的细长部分，又可分为树突和轴突。每个神经元可以有一或多个树突，可以接受刺激并将兴奋传入细胞体。

每个神经元只有一个轴突，可以把兴奋从胞体传送到另一个神经元或其他组织。

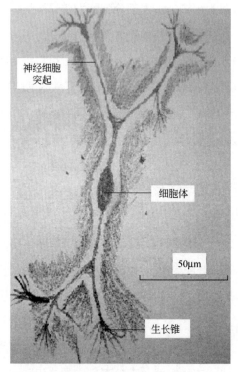

图 3-4 神经细胞结构示意图

更详细的关于大脑的解说可以参考神经外科的专业书籍。当前，由于对大脑活体研究受到限制，人们对大脑工作的真正机制和原理都并不是十分清楚。这对大脑的研究特别是对大脑病症的治疗是不利的。为了能定量地了解大脑的工作状态，人们寻求通过物理装置来测量大脑的工作状态。

脑电波与脑电图仪

脑电波的研究，始于19世纪。

1857年，英国的一位青年生理科学工作者卡通（R.Caton）在兔脑和猴脑上记录到了脑电活动，并发表了脑灰质电现象的研究论文，但当时并没有引起重视。

十五年后，另一位科学家贝克（A.Beck）也发表了关于脑电波的论文，才掀起研究脑电现象的热潮。1924年，德国的精神病学家贝格尔（H.Berger）用他研制的仪器记录到了人脑的脑电波，从此诞生了人的脑电图。他是通过观察电鳗的放电现象，推论人类身上必然有相同的现象，由于这和人类的意识活动有某种程度的对应，因而引起许多研究者的兴趣。

研究发现，生物电现象是生命活动的基本特征之一，各种生物均有电活动的表现，大到鲸鱼，小到细菌，都有或强或弱的生物电。英文细胞（cell）一词也有电池的含义，无数的细胞就相当于一节节微型的小电池，是生物电的源泉。人脑中有许多的神经细胞在活动着，这些细胞会有大量信息交换活动。而这种活动呈现在科学仪器上，看起来就像波动一样。脑活动的周期性振动被称为脑波。也有人认为它是由脑细胞所产生的生物能，或者是脑细胞活动的节奏。只是人们简单地将这种脑波类比为电流，从而产生出脑电波的说法（图3-5）。

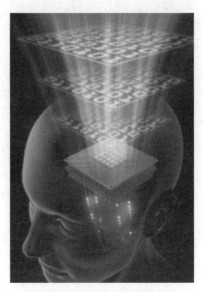

图3-5　脑电波是什么？

早在1968年，就有一位科学家Cohen声称首次测到了脑磁场。由于人脑磁场比较微弱，加上地球磁场及其它磁场的干扰，必须有良好的磁屏蔽室和高灵敏度的测定仪才能测到。

1971年，国外有人在磁屏蔽室内首次记录到了脑磁图。脑磁测量是一种无损伤的探测方法，可以确定不同的生理活动或心理状态下脑内产生兴奋性部位，无疑是检测脑疾病的有效方法之一。但是，由于所得到的信息十分微弱，并没有引起更多的注意。相反，由于脑电信号有一定强度并且有较好的重现性，人们更多地投入到对脑电波的研究。这种研究的一个直接和有用的成果，是研制出了"脑电图仪"。

现在，几乎所有的医院都可以做"脑电图"，作为医生治疗与脑部有关疾病时的参考。我们通过电极与人的大脑外皮层连接（图3-6），已经确实可以检测到"脑电波"，由于从仪表上读到的脑电波是不同的，或者说人脑在处于不同状态时脑电波是不同的，因此，科学家对这些脑电波进行了分类，它们分别是：α（阿尔法）脑电波、β（贝塔）脑电波、θ（西塔）脑电波和δ（得尔塔）脑电波。

图3-6 脑电图测试

人们通过电极收集到脑波信号，显示在频谱上，表现为波动的电流，这其实是经过了电极转换后以电脉冲显现出来的脑波图谱。应该说是有实用价值的。这就与在电化学中我们无法测到双电层的真实电位差，而只能通过参比电极获得电极电位是一样的道理。

这些检测到的神经电活动，其频率变动范围在每秒 1 ~ 30 次之间，可划分为四个波段，即 δ（1 ~ 3Hz）、θ（4 ~ 7Hz）、α（8 ~ 13Hz）、β（14 ~ 30Hz）。这几种波的频率边界，在学界还没有完全统一的标准。亦有学者认为 δ 波小于 4Hz，θ 波 4 ~ 7Hz，α 波 8 ~ 12Hz，β 波 13 ~ 35Hz，并认为有大于 35Hz 的脑电波，并命名为 γ 波。长期处于该状态下的人会有生命危险。

值得注意的是所有这些从"脑电图仪"上显示出来的"脑电波"，其频率都是极低的。

脑电图的临床价值

脑电图在医治脑部及相关疾病的治疗以及科研中非常有价值。这些不同脑电波在临床中的应用，可以简要地归纳如下。

α 脑电波（8 ~ 13Hz）：这是当我们的大脑处于完全放松的精神状态下，或是在心神专注的时候出现的脑电波。在"放松活跃"状态时，我们能更快更有效地吸收信息。那是我们通常作某种沉思或倾听令人放松的音乐所取得的状态。当代一些流行的"快速学习"技巧，就是基于"巴洛克"音乐背景下的训练方法，许多巴洛克音乐作品的速度（即每分钟 60 ~ 70 拍），与大脑处于"放松性警觉"状态下"波长"是相似的。如果在那种音乐的伴奏下有人将信息读给你听，这信息就"飘进了你的潜意识"。因此，α 脑电波也被默认为是"潜意识"波。

β 脑电波（14 ~ 100Hz）：这种脑电波反映的是人类在常态下的、日常的清醒状态下的脑电波情况。它是一般清醒状态下大脑的搏动状况。在这种状态下，人有正常的逻辑思维、分析以及有意识的活动。当你睁着双眼，目光盯着这个世界的一切事物，或者你在执行专门任务，比如解决问题和谈话，你头脑警觉、注意力集中、行动有效。但可能还有点情绪波动或焦虑不安，这也是典型的 β 脑波状态，对应有烦恼、气愤、恐惧、恼火、紧张以及兴奋状态。

有的神经科学家进一步将脑波分成不同等级。例如高波(16 ~ 32Hz)、复合波（33 ~ 35Hz）以及超高级 β 波(35 ~ 150Hz)。复合波仅呈短期、迸发式出现，在这种状态下你可能会找到高创造力与洞察力的焦点。出现超高级 β 波时，你会有种超脱体外的感觉。

θ 脑电波（4 ~ 8Hz）：这个阶段的脑电波为人的睡眠的初期阶段。即当你开始感觉睡意蒙眬时——介于全醒与全睡之间的过渡区域——你的脑电波就变成以4 ~ 8Hz的速度运动。

δ 脑电波（0.5 ~ 4Hz）：这是深度睡眠阶段的脑电波。当你完全进入深睡时，你的大脑就以0.5 ~ 4HZ运动。这时人的呼吸深入、心跳变慢、血压和体温下降。

很多科学家注意到，最适于与潜意识关联的脑电波活动是以8 ~ 12周/秒速度进行的，这就是 α 波。英国快速学习革新家科林·罗斯说："这种脑电波以放松和沉思为特征，是你在其中幻想、施展想象力进入潜意识，而且由于你的自我形象主要在你的潜意识之中，因而它是进入潜意识唯一有效的途径。"

测到的真是脑电波吗

脑电图仪的开发者知道，所谓脑电图仪是靠拾取极微弱的脑电位信号进行放大处理、记录来诊断疾病的仪器，工作中会受到许多因素干扰，因而会影响到诊断的效果。

而特别需要指出的是，这种仪器读取到的所谓"脑电波"，只不过是从人脑头部表皮获得的脑部电位信息。既不是电流，更不是电波。

科学家认为，每个活细胞，不论是在兴奋状态，还是在安静状态，它们都不断地发生电荷的变化（这里需要指出，所谓"发生电荷的变化"只是一种猜测，活细胞内电荷是何种状态并没有直接的证明），科学家们将这种现象称为"生物电现象"。细胞处于未受刺激时所具有的电势称为"静息电位"；细胞受到刺激时所产生的电势称为"动作电位"。而电位的形成则是由于细胞膜外侧带正电，而细胞膜内侧带负电。细胞膜内外带电荷的状态科学家们称为"极化状态"。这显然都是借用的电化学术语。

由于生命活动，人体中所有的细胞都会受到内外环境的刺激，它们也就会对刺激作出反应，这种现象在神经细胞（又叫神经元）、肌肉细胞中表现得更为明显。细胞的这种反应，科学家们称为"兴奋性"。一旦细胞受到刺激发生兴奋时，细胞膜在原来静息电位的基础上便发生一次迅速而短暂的电位波动，这种电位波动可以向它周围扩散开来，这样便形成了"动作电位"。大家可以看到，这里所使用的有关生物电的概念，全都是用的"电位"一词。

对于人脑的研究，我们不可能在活体上直接从大脑细胞中读取脑电信号。因此，正如我们前面已经说过的，测量脑电图也好，心电图也好，都只是在人体的表皮间接地接收大脑皮层或心脏发出的这种"生物电信号"，由于传感器是电极式的，因而接收到的也就是电位信号。是间接地测量转换信号的模式。并不能代表脑电波的生物本质，因而也只有参考的意义。当然，这些电位变化同样对应着相应的生物学行为，因此这种参考是有效的。

那么脑电波也好，心电波也好，这种"生物电"的本质是什么呢？与我们熟知的物理电能是一样的吗？

我们知道，脑电图显示的最高脑波频率只有30Hz，这频率远远低于哪怕最长波段的无线电波，与微波更无法相比，我们很难想象这种波的传递速度是怎样的。但速度对于脑的反应又是极为重要的参数，除非我们用电磁波来定义脑波，否则目前脑电图显示的脑波的传递速度无法解释人类大脑的极为快速的反应功能。

除了反应速度，一个更重要的参数是计算速度。这是人脑对事件进行逻辑处理的时间。这不是指那种取出存储信息反复推理的那种"长考"，而是指对面临的问题的即时计算，例如打牌或下棋。李世石与计算机下棋输掉的新闻曾经轰动一时，电脑已经开始在某些领域计算速度快过人脑。但人脑的计算速度也仍然是惊人的。我们目前的脑科和生物化学、生物电化学，都没有能够解读人脑这种高速计算的生理学基础。以现在对脑电、心电和生物电的理解，都不能合理地解释大脑何以有如此高速计算能力。

因此，有必要进一步探索脑电波的秘密。

无需介质的电磁波

为了更接近我们探讨的问题，我们得暂时离开对脑电波的讨论一会儿，以便从更广义的角度来认识物理波。

向平静的水面投进一颗石子，以石子入水的那个点为圆心，很快有起伏的水波一圈一圈地向外扩展（图3-7）。这就是我们熟悉的水波。水波是我们看得见的一种物理波。水波是具有能量（动能）的，用纸折叠一只小船，放进水波正在扩散的水里，小纸船就会沿着水波扩散的方向一摇一摆地前进。同样，当我们坐在小船上遇到波浪时，小船就会随着波浪的起伏也上下晃动。这说明小船受到了来自波浪的冲击力。可见，波浪能在水中传递能量，水也就是水波能量的传递介质。

正因为水波具有能量，所以人们发明了潮汐发电，也就是利用水波的能量来推动发电机的转子转动，从而利用电磁转换的原理来发电。人类正是在掌握了电与磁的关系或者说认识了电与磁转换的规律，才得以诞生了电力、电信和无线电事业。

图 3-7 向水面投石子产生水波

除了水波，我们还可以感受到一些其他类型的波。这些波也具有能量吗？

回答是肯定的。

例如，我们还可以看见光波。初听起来可能难以令人信服，光也是波？是的，光也是波，只不过光波的频率很高，大大超过眼睛能够识别的速度，所以看不到有"波"的形象。

自然界除了水波、光波，还有一些看不见的波。比如声波，是靠空气传递的波，可以听见，但是看不见。声波与水波一样是需要介质的波，空气就是声波传播的介质，在真空中就无法传递了。同样，声波也是有能量的，因为声波是机械振动的传递，其强度可也是可以测量的，声波的单位是分贝。

在信息化时代，最重要的当然就是电波了。事实上在地球空间，几乎充满了各种频率的电波。它们主要是电磁波。

让我们来认识一下电磁波。

电磁波是不需要介质、在真空中也能传递的波。不需要传播介质这个性质非常重要，这不是一般的物理区别，而是一个带有根本性区别的性质，是重要的性质。

为什么？

因为需要介质传播的波，是一种特殊环境中产生的物理现象，具体地说就是地球环境才有的现象，或者说只有与地球有一样环境的星球中才有的现象。离开了地球这种环境，没有水，没有大气层，就既没有水波，也没有声波。因为没有了传递的介质，或者说没有产生这种波的本体。因为波是振动的传递，有介质参与这种振动，其动能才能传递开来。

但是，电磁波不需要介质，在真空中也能传播。电磁波作为一种宇宙现象，是从宇宙诞生起就产生出来的一种物理现象，是与大爆炸产生的物理碎片一起出现的一种爆炸冲击波。

注意这里所说的冲击波只是借用了炸弹爆炸产生的大气强烈波动现象，宇宙的真空中，不会有大气波动，但是宇宙爆炸仍然产生了波动，这就是电磁波！并且这种爆炸产生的电磁波有极宽的波段，波长从上万米、数千米、几百米、几十米、几米到几分米、几厘米直至几纳米，这么宽的波段使电磁波表现出各种不同的物理性质，从而丰富了自然界的表现力，给人类的创造也提供了极大的空间，并且也为人类认识宇宙提供了重要的信息。

波长是指电波从0点到波峰再回到0点的长度（图3-8），或者说两个波峰之间的长度，用希腊字母λ表示，单位是m。电磁波正是因为不同的波长而具有不同的性质，组成了丰富多彩的电磁波家族。

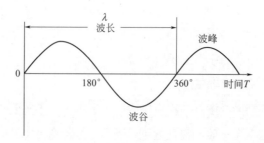

图3-8 正弦波示意图

完成一个波长所需要的时间就是周期，常用 T 表示，单位是秒（s）。而单位时间内所完成周期的次数，就是频率，因此，频率也可以说是周期的倒数，常用 f 表示，单位是赫兹（Hz）。这些参数中波长和频率是最重要的参数，电磁波就是根据波长和频率来划分其波段的。因为不同波长和频率的电磁波，有着完全不同的物理性质，在实际应用中就有不同的用途。了解了电磁波以后，我们就知道，光波也是电磁波的一种，它是处于高频波段的一种电磁波，这个波段的电磁波作用于眼睛而能显示出七种颜色。当然这些颜色的搭配可以组成更多的颜色，并且七种光的混合表现为白色光，也就是所有恒星发出的一种特殊的电磁波——阳光。

光波以外的电磁波虽然看不见，但是，随着科学技术的进步，科技人员设计出一些装置，可以让我们间接地从示波器的屏幕上看见它的踪影，可以形象地表达出它的特征（图3-9）。并且还可以通过一些特定的电子器件组成的电路来调制波的形状，从而可以直观地看见不同参数的波所具有的不同形状。其中正弦波是电波的典型波形。这种波形是普通交流电波的标准图形，由于与正弦函数的坐标图形一样而得名。示波器不仅能显示电波的图形，还能显示和读取电波的所有重要参数，这些参数包括波长、周期、频率等。

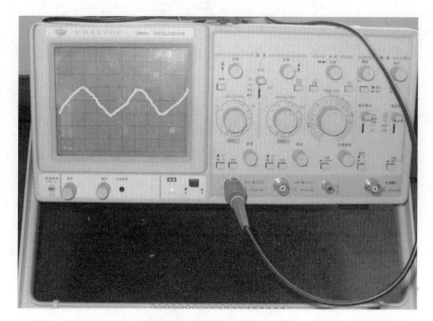

图3-9 示波器显示的电波波形

电磁波是宇宙中普遍存在的一种重要的信息载体。科学家对已经认识的电磁波按其波长排列大致可分为：γ射线、X射线、紫外线、可见光、红外线（反射红外、热红外、微波）、无线电波和长波电振荡等。各种电磁波的范围是交错式衔接起来的。无线电波是振荡电路中自由电子的运动产生的；红外线、可见光和紫外线是原子的外层电子受到激发后产生的；X射线是原子内层电子受到激发后产生的；γ射线是原子核受到激发后产生的。在不同的电磁波段，可以使用不同的波长单位，如纳米（nm）、微米（μm）、毫米（mm）等。用这些单位也可以命名电磁波，分别称为纳米波、微米波、毫米波等。

这些不同波段的电磁波有以下这些基本的分类和应用（图3-10）。

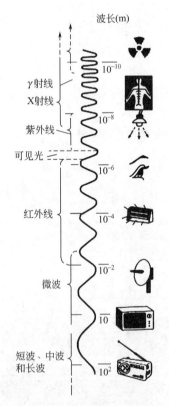

图3-10　不同波长电磁波与应用的关系

（1）无线电波：波长从几千米到0.3米左右。一般的电视和无线电广播就是用这种波。

（2）微波：波长从0.3米到10^{-3}米，这些波多用在雷达或其它通信系统，宇宙背景辐射也属于微波波段。也可以用于微波加热等工业或民用用途，例如家里加热饭菜的微波炉。

（3）红外线：波长从10^{-3}米到7.8×10^{-7}米，可用于红外夜视镜、红外加热、红外治疗等。

（4）可见光：这是人们唯一可以看见的电磁波，是原子或分子内的电子运动状态改变时所发出的电磁波。也是构成人类可见世界视觉的要素，因此这个波段极为重要。可见光的波长从78×10^{-6}厘米到3.8×10^{-6}厘米。即使在这么狭窄的波段内，可见光的光谱还有从红光到紫光的7个（色）系，它们的配合和分化构成万紫千红、色彩斑斓的世界。可见光的最重要发展是激光的开发，显示出电磁波在这个波段的独特性质，产生出一系列重要的应用，从光通讯到激光加工、激光手术、激光阱（重要的单一原子研究装置）等。

（5）紫外线：波长从3×10^{-7}米到6×10^{-10}米。这些波产生的原因和光波类似，常常在放电时发出。由于它的能量和一般化学反应所牵涉的能量大小相当，因此紫外光的化学效应最强，可以用于杀虫、消毒等。

（6）X射线：这部分电磁波谱，波长从2×10^{-9}米到6×10^{-12}米。X射线（伦琴射线）是原子的内层电子由一个能态跳到另一个能态时或电子在原子核电场内减速时所发出的。X射线用于工业探伤、医疗透视等，对人体有伤害。

（7）γ射线：是波长$10^{-10} \sim 10^{-14}$米的电磁波。这种不可见的电磁波是从原子核内发出来的，放射性物质或原子核反应中常有这种辐射伴随着发出。γ射线的穿透力很强，对生物的破坏力很大。

到目前为止，这些电磁波中用于通信的主要是光波、微波、短波、中波和长波波段。

现在，你在任何时候打开一台袖珍收音机，拨动调谐旋钮，都会收到一些无线电广播台的信号。如果是在短波或超短波波段，旋钮每一小格的变动都会收到密集的"嘟、嘟、嘟"的调谐音。找准电台频率后，就会收听到即时的新闻或者美妙的音乐。这些声音信号都经由电波在空中传播。不只是这些广播电台的信号，天空中还充满了各种各样的电波，在无时无刻地在发射和传播着。有时在相邻的频率之间还会出现串台现象，例如你正在收听的电台中突然出现了另一种声音，是因为碰巧与业余无线对讲频道处于相近的频段，有时还会听到调度员的呼叫。

这样，在看似空旷无比的天空中，却布满了拥挤的电波。除了这些有声呼叫，更多的则是各种电子信息，以特定的频率默契地传送着大量重要的情报。无线电广播只是其中最常见的一种电波。在其他波段，各种电磁波也在不停地发射，从业余无线电波段到专业无线电波段，从长波到短波，从微波到穿透力极强的射线波等等，组成了永不消逝的电波，环绕在人类的周围，并向太空散发。所有这些电磁波，承载着大量信息，有些还并没有得到解读。

两条新闻引起的思考

我们继续探索脑电波的秘密。先来看两条科技新闻。

第一条新闻是2016年5月9日，环球杂志在网上政务直通车栏目发布的"脑电波控制的机械手臂"：

美国19岁少年Easton LaChappelle利用3D打印技术开发出了一种神奇的装置——脑电波控制机械手臂 Anthromod。其运行方式有点像肌肉传感器，能够读取大脑的大约10个信道，信道被转化成软件可读取的数据，通过跟踪分析不同脑电波代表的意义再将其转化成某一特定动作。

　　这条新闻直接表明是用脑电波来控制机械手臂，并且谈到了"信道"。显然，大脑神经系统与电有很好的连接通道，并且以电驱动的方式证明人的大脑是非常物质化的。所有电子装备都是硬件化的，也即物质的。人脑也是硬件，但是有最强大的软件系统。

　　另一条是2016年7月5日新浪科技新闻：

　　加州理工大学的一名研究人员乔·基尔施维克（Joe Kirschvink）称，他已经证实了人类可以利用潜意识探测到地球的磁场。基尔施维克利用一台法拉第笼和脑电图监控仪，在改变受试者周围的磁场时，观察到了他们的α脑电波出现了变化，并且这些变化是可以复制的。

　　"这是我们进化史的一部分，"基尔施维克说道，"磁感应能力也许是我们的原始感觉之一。"

　　人们发现有些动物具有感知地球磁场的能力，如鸟类、昆虫和能利用该能力进行迁移或判断方向的其它哺乳动物。

　　数十年以来，科学家一直在研究动物的这种能力。在今年年初发表的一项研究工作中，科学家指出，狗、狐狸和熊的眼睛中含有能感受磁场的隐花色素分子。

　　虽然部分专家认为这种能力是由视网膜上一种叫做隐花色素的蛋白质决定的，但其他专家则认为这种"第六感"就像指南针一样，利用铁矿和磁铁矿来发挥作用。

　　在近期的一次实验中，基尔施维克和他的研究团队建立了一个法拉利笼，测试人类是否具有这样的能力。

　　法拉第笼是一个薄薄的铝制箱子，它利用梅利特线圈，把任何外界的电磁场都隔绝在外。受试者坐在全黑的环境中。此时他们仅仅暴露在地球自身的磁场之中，没有任何人造的电磁干扰会对他们造成影响。

　　基尔施维克为此次试验招徕了24名志愿者。他把这些志愿者的脑部与脑电波检测仪相连，让他们暴露在模仿地球磁场的旋转磁场中，然后对他们的脑部活动进行分析。

　　该研究团队发现，当磁场按顺时针转动时，大脑的α波就会减少。这说明受试者能够对磁场作出反应和加工处理。

　　除此之外，基尔施维克还发现神经元反应只延迟了几百毫秒，说明大脑作出的反应很活跃。

　　这种现象也许与"磁场会对大脑中类似于脑电波信号的电流产生影响"这一概念有关。

　　基尔施维克还发现，当放置法拉第笼的地面上的磁场出现扭曲时，受试者的大脑也会作出类似的反应，但当磁场向上弯曲、或者按顺（疑这里应该为"逆"—作者注）时针旋转时，就不会出现这种现象。这或许反映了人类体内的"指南针"的两极方向。

基尔施维克认为，既然脑电波监测仪能够探测到脑部活动，并且过程中没有受到外部磁场的干扰，就说明这种能力最初的来源也许就是磁感应能力。

基尔施维克的发现中最令人激动的一点是，他的实验结果是"能够重复得出，并且经过了验证的"。

这条新闻所传达的信息是不可低估的。它触及我们探索脑电波实质的内容。我们注意到基尔施维克在谈到他的实验时，说他所观测到的现象也许与"磁场会对大脑中类似于脑电波信号的电流产生影响"这一概念有关。

这条新闻所透露的信息显示，潜意识和脑电波都纳入到了研究的范畴并取得了实质性的进展。以后我们会看到，区别在于，已经发布的这些研究是在接受已经被认为是定论的关于意识和脑电波的认识的基础上的。而本书中要证明的则是：意识和脑电波的定义和重要性需要作全新的认定。有了这些新的认定，有关这方面的技术进展将会有一个极大的提速，创意会喷涌而出。这是完全可以期待的。

我们不知道这个实验所使用的脑电波检测仪是一种新的仪器还是仍然采用的医用脑电波测试仪。由于基尔施维克没有具体说明，我们可以推论所采用的是传统的或者经典的脑电测试装置。根据我们对这种装置的了解，它所测得的数据是从大脑头皮上安放的电极上获得的电位信号转换成的脉冲信号。

我们注意到这个解释中用了"类似于脑电波信号的电流"一说。这比起很多用肯定的语气谈论"脑电波"和"人体电流"的资料要谨慎得多。

波不是电流，波可以在空间传递，可以在各种介质中传递。所以我们应该首先将"脑电波"简称为"脑波"，可能更接近人脑的物理真实。

这个重要的实验所传达出的信息非常重要，它确实涉及了问题的实质：

"这是我们进化史的一部分，"基尔施维克说道，"磁感应能力也许是我们的原始感觉之一。"

并且指出了一个进一步分析和研究的路径："能感受磁场的隐花色素

分子"。

但是，我们应该很清楚，在人体内使用"电"这个词应该小心。除非使用"生物电"，才能回避电应该由金属传导这样一个物理事实。"生物电"是一种模糊的物理量。前面所讨论的脑电波，说的应该就是一种生物电。因为物理意义上的或者说我们常识中的电流，是通过电子导体才能传导的。最典型的是金属导体。当然碳、石墨等也可以导电，包括电解质溶液，也能通过电极上的电化学转换来传导电流。也许离子导电模式是可以借鉴的生物电传导模式。生物电化学正是这样考虑的。

前面提到的基尔施维克的实验发现中"最令人激动的一点"是，他的实验结果是"能够重复得出，并且经过了验证的"。由此他得出结论，这一实验结果"也许与'磁场会对大脑中类似于脑电波信号的电流产生影响'这一概念有关"。这就是间接地说明，脑电波可能是一种电磁波。由于这是可以重复获得的实验结果，我们可以认为这是脑电波是电磁波的首次间接的证明。

事实上，早在二十世纪五六十年代，玻姆教授和他的学生阿哈罗诺夫就完成了一项卓越的课题，对物理学主流研究影响深远。这就是关于对电磁势在量子电动力学中的地位的系统研究。他们首次证明了即使在没有电场与磁场的区域内，电磁势对于电荷仍有效应。物理学共同体称之为 AB 效应。

如果脑电波是电磁波，那么脑波的速度是光速甚至是超光速的。结论正是这样的。只有当脑电波（至少）是一种电磁波，才能解读大脑的计算速度和信息传递的速度。并且它的速度很可能是超电磁波的。这时我们很容易联想到"量子纠缠"，我们在本书第一章曾经提到过，人们正在考虑利用它的超光速或超距能力传递信息的可能。我们要说的是它早就在这样做了，或者说它一直就是这样的。

提出脑电波可能是一种超电磁波的想法，大大地冲击了目前关于脑波和生物波的物理属性的理解。这等于说大脑的工作状态是量子化的。

存在这种可能性吗？这将有许多实际的难题需要解答。因为电磁波的产生和发射需要物理载体，而我们目前关于电磁波载体的认识基本上是非常刚性的。令人想到的是天线、基站、雷达和收音机等。难道人体也能产生电磁波？如果大脑能够接收电磁波，就有可能产生电磁波。

我们在第一章谈到了元素的放射性。人类以电子元件组装出无线电装置来发射和接收电磁波，表面上看只不过是物理学现象，但是，是符合物质结构本性的。因为基本粒子具有波动性和发射性能，才会有电磁波这种信息载体存在。人类制造的物理的电磁波收发装置不是唯一的收发装置，自然界在有人类以前已经发射和接收电磁波很久很久了，很多动物也在靠电磁波来定向，认为只有物理装置才能发射和接收电磁波，显然是偏见。

人类依赖大脑保持有最强烈的自我意识，同时也会形成各种认识上的局限甚至是偏见。但是，有一点可以肯定，就是人类总是可以克服局限和偏见，将自己的认知能力提升到新的高度。

电磁波的传输

电磁波在现代通信中的应用已经极为发达，人们已经建立起完全覆盖全球的电子通信网络，包括电子与光子的通信网。各种有线和无线网通过微波基站或卫星联络着全球。现在则正在向量子通信目标前进。我国正在运行中的"墨子号"量子卫星在实现量子通信实用化的开拓方面，已经取得重要进展。这些都很确定，是现代物理学的重要进展。

我们知道，所有以波的形式出现的信息的录制、传送、放大、接收、解读，都要有强大的硬件支持，需要有互联互通的媒介，这些都如此的确定，以至于需要有强大的现代制造业和专业技术与工艺来支持。

我们在前面电磁波的分类一节中用图3-10列举了不同波长范围的电磁波的应用。其中用于通信的有中波、短波、超短波、微波等波段。

在现代通信技术中，频段（波段）是专业人员非常熟悉的术语。但是对于一般人来说，也许知道电波，却不一定知道频段或波段。

频段是电磁波的频率范围，而频率又是与波长有关的。单位时间内振动的次数越多，频率就越高，波长就越短。例如，短波就是波长很短的电磁波，波长只有几厘米、几毫米甚至更短。这么短的波长在单位时间内波动的频率就会很高，所以叫高频电磁波。

波的传播速度与频率和波长有如下的关系：

$$v=f\lambda$$

其中v是波速，f是频率，λ是波长。显然波长是影响波的传递速度的重要因子之一。波长也能比较直观显示其在介质中传播的难易。波段就是根据波长与频率的对应关系来进行分类的（参见表3-1）。

表3-1　电磁波频段与波段对应的名称和波长

频段名称	频率范围	波段名称	波长范围
甚低频（VLF）	3k~30kHz	万米波，甚长波	10~100km
低频（LF）	30k~300kHz	千米波，长波	1~10km
中频（MF）	300k~3000kHz	百米波，中波	100~1000m
高频（HF）	3M~30MHz	十米波，短波	10~100m
甚高频（VHF）	30M~300MHz	米波，超短波	1~10m
特高频（UHF）	300M~3000MHz	分米波	10~100cm
超高频（SHF）	3G~30GHz	厘米波	1~10cm
极高频（EHF）	30G~300GHz	毫米波	1~10mm
	300G~3000GHz	亚毫米波	0.1~1mm

对照这张表，我们回忆一下前面提到的脑电图中所表述的脑电波的频率，是1~30Hz。我们发现很难从表中找到它对应的位置。因为定义为甚低频的波段最低频率也有3000Hz，这超出所谓正常脑电波（β波）100倍。参照表中对高频的定义分类（甚、特、超、极），脑电波应该超出了甚低频的波段，波长将达到百万米！

这就要回到我们前面的质疑，间接测到的"脑电波"是不是真实的脑电波？由于我们现在尚无法直接测到脑电波的真实频率，为了方便讨论问题，我们且将目前脑电图机测得的脑波当作电磁波来看待。

电磁波的波长特性与其传递方式有着密切关系。波长越长，其穿越性能越好，也越容易捕捉到。正是电磁波在通信中的应用让我们了解到它们的传输特性：甚低频和低频电波用于远距离通信，中波也可以用于远距离通信，但其穿越性能会稍差。而高频及以上波段只能用于中距离或直线传播，在传送和接收点之间只能直线传送，遇有阻隔就会受到影响甚至于阻断传播。我们用一台全波段收音机能收到全球几乎所有频段电台，原因是短波的发射借用了电离层的反射，这要求发射台有强大的功率，而且接收机有极高灵敏度和抗干扰能力（放大器功能和滤波功能良好）。为什么低频波反而能够传得更远？我们可以将波长看成无形的导线，超长波的波长在上万米时，每一次波动可以到达1/4地球表面的距离，它的弧度可以轻易地绕过山峰或高层建筑物。中波也很容易穿越建筑。因此，长波和中波电台用极为简单的收音机装置就可以收到。甚至于用早年的矿石收音机，就可以收到大量的中、长波电台信号。我们现在几乎人手一部的手机的电波是微波，大家知道微波只能直线传播，我们何以能够即时接收到全球任何有移动通信系统的地方的手机信号？这是因为通信服务商在组建通信网络时建立了大量的"通信基站"，用于信号的中间传递，有如古代的烽火台，这些基站之间的所有信号的传输速度都接近光速（电磁波），因此，我们几乎感觉不到信号的延迟。但是，对于相对远的距离，这种延迟还是能感觉到的。我们在从电视上看直播室的主持人与外地现场记者联系时，就能感觉到这种延迟，主持人与远方记者的对话（特别是跨距大的越洋传送）时，会感到与现场直接对话的情形相比，有明显的延迟。

好，我们了解了电磁波传输的这个特点后，对甚低频的脑波的传送和解读就可以有想象的空间了。相信在新的思路启发下，通过研制新的脑波读取装置，也许能获得脑电磁波的真实信号。

生物电

为了进一步分析脑电波的特性，我们需要回顾一下生物电的研究历程。

我们可以看到，科学家最终是采用物理化学中电化学的理论来处理人体电系统的。毕竟人体是由液体为主构成的复杂电解质溶液体系。血液、体液、细胞液等，所有人体内的液体都是离子导体。

20世纪初，W·艾因特霍芬用灵敏的弦线电流计，直接测量到微弱的生物电流。

1922年，H·S·加瑟和J·埃夫兰格首先用阴极射线示波器研究神经动作电位，奠定了现代电生理学的技术基础。

1939年，A·L·霍奇金和A·F·赫胥黎将微电极插入枪乌贼大神经，直接测出了神经纤维膜内外的电位差。这一技术上的革新，推动了电生理学理论的发展。

1960年，电子计算机开始应用于电生理的研究，使诱发电位能从自发性的脑电波中，清晰地区分出来，并可对细胞发出的参数精确地分析计算。

在没有发生应激性兴奋的状态下，生物组织或细胞的不同部位之间会呈现出电位差。例如，眼球的角膜与眼球后面对比，有5～6毫伏的正电位差，神经细胞膜内外，则存在几十毫伏的电位差。电位差的存在意味着有电流和电子（信息）交换。这是神经细胞在工作的证明。

静息状态细胞膜内外的电位差，称静息膜电位，简称膜电位。它的大小与极性，主要取决于细胞内外的离子种类、离子浓差以及细胞膜对这些离子的通透性。例如，神经或肌肉细胞，膜外较膜内正几十毫伏。在植物细胞的细胞膜内外，有100毫伏以上的电位差。改变细胞外液（或细胞内液）中的钾离子浓度，可以改变细胞膜的极化状态。

这说明细胞膜的极化状态主要是由细胞内外的钾离子浓度差所决定的。在细胞膜受损伤（细胞膜破裂）的情况下，损伤处的细胞液内外流通，损伤处的膜电位消失。因此，正常部位与损伤部位之间就呈现电位差，称为损伤电位（或分界电位）。

有些生物细胞，不仅细胞膜内外有电位差，在细胞的不同部位之间也存在电位差。这类细胞称极性细胞。在极性细胞所组成的组织中，如果极性细胞的排列方向不一致，它们所产生的电场相互抵消，该组织就表现不出电位差。如果极性细胞的排列方向一致，该组织的不同部位间就呈现一定的极性与电位差。它的极性与电位大小，取决于细胞偶极子矢量的并联、串联或两者兼有所形成的矢量总和。例如，青蛙的皮肤，在表皮接近真皮处，有极性细胞。这些细胞具有并联偶极子的性质，内表面比外表面正几十毫伏。在另一些生物组织上，极性细胞串联排列，例如电鱼的电器官就是由特殊的肌肉所形成的"肌电板"串接而成的。由5000～6000个肌电板单位串联而成的电鳗的电器官，由于每个肌电板可产生0.15伏左右的电压，因此这种电器官放电的电压可高达600～866伏。某些植物的根部，也是由极性细胞串联构成的。因此由根尖到根的基部各点间都可能呈现电位差。

有些植物受刺激后会产生运动反应。这时，往往出现可传导的电位变化。例如，含羞草受刺激时，叶片发生的闭合运动反应（图3-11）。在这一过程中，由刺激点发生的负电位变化，可以每秒2～10毫米的速度向外扩布。电位变化在1～2秒内达到最大值，其幅值可达50～100毫伏。但恢复时间长，需几十分钟才能回到原来的极性状态，这一段负电位变化时期就是它的不应期。

图3-11 敏感的含羞草

　　动物的细胞或组织，尤其是神经与肌肉，受刺激时发生的电位变化比植物更明显。如果神经纤维局部受到较弱的电刺激则阴极处的兴奋性升高、膜电位降低（去极化），阳极处兴奋性降低、膜电位升高（超极化）。在刺激较强接近引起兴奋冲动阈值的情况下，阴极的电位变化大于阳极，这是一种应激性反应。

　　但是，这些研究所得出的结论却不一定是有说服力的。

　　电生理学普遍认为，这种电位变化仅局限在刺激区域及其邻近部位，并不向外传布，故称局部反应，所发生的电位称为局部电位。并且断言这些信息都是不传导的（因为没有恰当的导体）。

　　一个神经元接受另一个神经元的兴奋冲动而产生突触传递的过程中，在突触后膜上会产生兴奋性突触后电位，或抑制性突触后电位。前者是突触后膜的去极化过程，后者是突触后膜的超极化过程。这些电位变化，只局限在突触后膜处，并不向外传导，也是一种局部电位。

　　如果感受器中的感觉细胞或特殊的神经末梢受到适宜刺激，如眼球中的感光细胞受光的刺激、机械感受器柏氏小体中的神经末梢受到压力刺激也会产生局部电位反应，称为感受器电位或称启动电位。同样，肌肉细胞在接受到神经冲动的情况下，在神经与肌肉接头处也会产生局部的、不传导的负电位变化，称为终板电位。

　　所有这些局部电位，都会扩散到邻近的一定区域，但不属传导。离局部电位发生处越近，则电位越大，并按距离的指数函数衰减。局部电位的大小随刺激强度的增大而增高，大的可达几十毫伏。

　　同时，对存在于动物体内的这些生物电现象，电生理学在承认其普遍性的同时，对其信息传递速度的认定则是很值得怀疑的。

　　生物有机体是一个传导离子电性的容积导体，可以理解为无数生物微电池。当一些细胞或组织上发生电变化时，将在这容积导体内产生电场。因此在电场的不同部位中可引导出电场的电位变化，而且其大小与波形各不相同。例如，心电图就是心脏细胞活动时产生的复杂电位变化的矢量总和。因此，在组织或器官上发生的生物电现象，大多数是个别细胞所产生的生物电的矢量总和，所以对它的发生机制同样可以用离子学说去解释。但有些生物电变化的时间过程极缓慢，如光合作用时所产生的电变化与细胞的代谢活动有密切联系，即是一种生物电化学电位。

在大脑皮层上还可以检测出一些极缓慢的电位波动，有的在一分钟内波动几次，有的几分钟甚至几十分钟才有明显的变化。这种电位与快速的神经细胞兴奋活动不同，也可能是一种由代谢活动所引起的或与神经胶质细胞活动有关的生物电化学现象。

可见，人们对这些表象的解读是基于电化学离子传导的范畴，因而认为是缓慢生理过程的反映。并且认为由于环境变化的因素与形式复杂多变，如变化的光照、声音、热、机械作用等等，生物有机体必须将各种不同的刺激动因快速转变成为同一种表现形式的信息，即神经冲动，并经过传导、传递和分析综合，及时作出应有的反应。

但是，我们都知道动物对外界刺激的反应速度是极为迅速的，根本不可能交由"缓慢生理过程"来处理这些信息。不要说离子导体，即使是电子导体，对信息的处理的速度，要满足神经的传递速度要求都是无能为力的。更不要说那些需要有超距能力才能解释的生物现象。

这些疑问促使我们对人体的微观组织做更精细的分解。

现在，人们已经确定基因是生命体最小的遗传物质单位，是遗传学的"原子"。

但是，这并不意味着我们不能进一步寻找物质的"基因"。我们可以用化学方法进一步分解核酸的构件。而作为生物学的"原子"的基因，距化学原子还有很大的空间。基因中的每个构件自身是由碳原子、氢原子、氮原子、氧原子和磷原子组成。在所有这些原子中，都有电子和光子在不停地运动。在这个层面来观察生物体，出现一些以前不曾注意或无法解读的生理现象，就不足为怪了。

光遗传学技术的出现和应用，已经为我们打开了新的一扇门，使原来建立在离子和电子层面的信息传导体系终于进入到光子的殿堂。

04 第四章

光与光子

太阳与光

太阳给人类带来光明、带来温暖，"万物生长靠太阳"。太阳是人类的神。因此，太阳神崇拜是早期人类的普遍现象。

中国古代传说中，羲和是最早的太阳神，传说她和天帝帝俊有十个儿子，他们都是金乌的化身，金乌是汉族神话中太阳之灵，形态为三足乌鸦，共有十只，它们住在东方大海扶桑树上，轮流由他们的母亲——羲和驾车从扶桑升起，途经曲阿山、曾泉、桑野、隅中、昆吾山、鸟次山、悲谷、女纪、渊虞、连石山、悲泉、虞渊。因此羲和被尊为太阳神。

上古帝王中炎帝属火德，因此被尊为太阳神。他和兽身人脸的火神祝融共同治理着南方一万二千里的地方，是南方的天帝。

春秋战国时期的楚国诗人屈原的组诗《九歌》中记载，楚国人尊奉的东君也是太阳神，楚人称之为日神，汉武帝时期祭祀的太阳神就是东君，也是从汉武帝开始，历代帝王祭祀的太阳神都是东君。

印度上古神话太阳神 Aelitya，Surya，火神 Agni；

埃及上古神话太阳神 Atou，Shou；

古巴比伦上古神话太阳神 Shamash，月亮神 Sin；

波斯上古神话圣火之神 Atar；

希腊神话太阳神阿波罗 Apollo，盗火神普罗米修斯 Prometheus；

大洋洲原始神话太阳神 Yhi 等。

而作为太阳神的传说，西方最著名的应该是古代希腊的阿波罗了（图4-1）。这主要源于希腊神话的系统性和有关希腊神话的作品的渲染。这种现象是人类持续关注和重视太阳的证明。人类也因此对太阳和太阳系有了更多的了解。同时对光也有了更多的了解。

图4-1 太阳神阿波罗

现在我们知道，太阳是宇宙中无数恒星之一，是我们太阳系的"群主"。地球因为与太阳有恰当的距离，使太阳光尽其所能在地球上创造了奇迹。这也是我们常说的"得天独厚"的原因。天者，太阳也。

太阳作为恒星，其特征是在不停地进行热核反应，从而具有极高的温度并向太空发射大量光子（图4-2）。

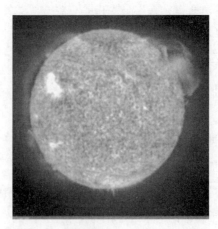

图4-2 太阳

　　组成太阳的物质大多是些普通的气体，其中氢约占73%，氦约占25%，其它元素占2%。太阳从中心向外可分为核反应区、辐射区和对流区、太阳大气。太阳的大气层，像地球的大气层一样，可按不同的高度和不同的性质分成各个圈层，即从内向外分为光球、色球和日冕三层。我们平常看到的太阳表面，是太阳大气的最底层，温度约是6000℃。我们无法直接看见太阳内部的结构。但是，天文学家根据物理理论和对太阳表面各种现象的研究，建立了太阳内部结构和物理状态的模型（图4-3）。

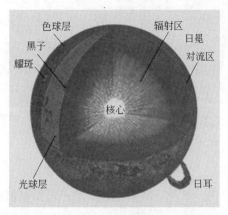

图4-3　太阳的结构

　　太阳的内部主要可以分为三层：核心区、辐射区和对流区。太阳的核心区域的半径是太阳半径的1/4，核心区域约占整个太阳质量的一半以上。太阳核心的温度极高，达到1500万℃，压力也极大，使得由氢聚变为氦的热核反应得以发生，从而释放出极大的能量。这些能量再通过辐射层和对流层中物质的传递，才得以传送到达太阳光球的底部，并向外辐射出去。太阳核心区的物质密度非常高，每立方厘米可达150克。

　　太阳核心区之外就是辐射层，辐射层的范围是从热核中心区顶部的0.25个太阳半径向外到0.71个太阳半径，这里的温度、密度和压力都是从内向外递减。从体积来说，辐射层占整个太阳体积的绝大部分。

太阳内部能量向外传播除了辐射，还有对流过程。即从太阳0.71个太阳半径向外到达太阳大气层的底部，这一区间是对流层。这一层气体性质变化很大，很不稳定，形成明显的上下对流运动。这是太阳内部结构的最外层。

热的太阳表面不断地向宇宙空间放射出大量的光和热。每分钟由太阳表面放射出的热量要多于5×10^{24}千卡。如果把整个太阳表面用一层厚12米的冰壳包起来，那么只要1分钟，全部冰壳就会被太阳所放射出的热所融化。

幸运的是，地球距太阳有一定的距离，这个距离使地球不但没有受到强热的袭击，而且获得了阳光的照顾。

地球与太阳之间的距离取其整数为1亿5千万千米。这段距离相当于地球直径的11700倍，乘时速1000千米的飞机要花17年才能到达太阳，发射每秒11.23千米的宇宙飞船也要经过150多天到达，太阳光照射到地球需要8分多钟。

测量日地距离的方法有好几种，一种是利用金星凌日（即太阳、金星和地球刚好在一条直线上）；另一种方法是利用小行星测量日地距离。历史上就是用前一种方法测出地球到太阳的距离的，也是这样算出日地平均距离的，即从地球上发出一束雷达波，打到金星上面，再从金星上反射回来。利用这种方法测出的日地平均距离为149,597,870公里，大约为15,000万千米。

太阳和地球的距离（1亿5千万千米）在天文学上称做"天文单位"，这是一个很重要的数字，很多天文数字都是以它为基础的。

我们不能说地球文明是宇宙中唯一的文明，但是在太阳系中是唯一的则是可以肯定的。而这一文明并不是人类发展的终点，不但不是终点，而且是人类努力通过自己的进化认识宇宙的起点。人类希望通过探索宇宙发展的普遍规律，获得对宇宙的更为全面和正确的认识。从而为寻找宇宙太空中的其他文明做充分准备。而在这些准备中，更充分地认识和利用光将是一个重要前提。

光的解析

光是伴随人类成长的最重要的自然现象，人们不可能不对其加以研究。以"光学"为名的著作在不同历史时代曾经多次出现。

白天和黑夜的交替、晴天和阴天的变化、火光与烛光的利用，无不与光有着紧密联系。并且所有这些都是依靠人的眼睛来识别的，因此，一度有人认为光源于人眼，产生出所谓"流出论"一说。例如欧几里德（约公元前330年~公元前275年）在《光学》一书中说："我们假想光是直线进行的，在线与线之间还留出一些空隙来，光线自物体到人眼成为一个锥体，锥顶就在人眼，锥底在物体，只有被光线碰到的东西，才能为我们看见。"原子论者不同意这种解析，认为一切感觉都是从物体发出的物质流引起的。虽然这种物质流在当时并没有解读为光子，却可以解读为原子，也就是"流出说"。这应该是最早关于光的本质的探讨。亚里士多德则主张"视觉是在眼睛和可见物体之间的中介者运动的结果"。这为后来一度流行的"以太"说提供了最早的依据。

到公元2世纪，托勒密（公元70~147年）也写了《光学》一书。他通过自己设计的装置观测光线由空气进入水中折射现象，第一次得出了折射数据，与现代测量的值非常接近。

到中世纪，阿拉伯人阿尔加桑（公元965~1038年）也写出了一本《光学》。他通过解剖知识指出了眼的视觉功能，说明"从物体发出的光是如何汇集到眼内成像的"。并且改进了托勒密的实验仪器，指出入射线、折射线与法线在一个平面内。在13世纪波兰数学家维特洛读到阿尔加桑的这本书的拉丁文译本，从而转而研究光学，写出了有关光学的论文。

开普勒在1604年发表了对维特洛论文的注释，并于1611年发表了《屈光学》，得出存在有全反射的结论，并求出了曲率相等的双凸透镜的焦距和平面透镜的焦距，设计出他的望远镜，也就是开普勒望远镜。

这些研究都基于光是白光这一前提。随着对光的研究的深入，人们对光的本质的认识也更进了一步。这首先是从解析光开始的。

在大自然，光以彩虹的形态向人类展示了自己的神奇。这是光最直接向人类展示自己的结构的一种奇妙的方式，是大自然进行的光的解析（图4-4）。当然，正如我们在前面已经说到的，光还以自然特别是植物的美丽色彩表达了自己。

图4-4 自然对光的解析

当人们看到雨后彩虹，则往往诗兴大发，创作出许多诗词，发出由衷的赞叹。而当人们认识到光的真正本质时，就更加惊叹了。

牛顿是最先发现太阳光可以解析为单色光的人，这已经是物理学的常识。借助三棱镜，就可以将白光解析为七彩的单色光。

事实上，早在牛顿以前就有人用三棱镜对阳光进行过散射实验。但是，他们一方面没有获得完整的光学图谱，更主要的是没有正确解读所观察到的现象，从而错过了发现光的解析的秘密的机会。

三棱镜是由透明物质（通常是玻璃）制造，常用在双筒望远镜中以缩短窥管的长度。

光从棱镜的一个侧面射入，从另一个侧面射出，出射光线将向底面（第三个侧面）方向偏折（图4-5），依红橙黄绿青蓝紫的顺序显现出彩色色谱。偏折角的大小与棱镜的折射率、棱镜的顶角和入射角有关。

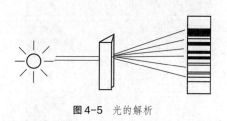

图4-5 光的解析

由此可知，白光是由各种单色光组成的复色光；同一种介质对不同色光的折射率不同；不同色光在同一介质中传播的速度不同。因为同一种介质对各种单色光的折射率不同，所以通过三棱镜时，各单色光的偏折角不同。因此，白色光通过三棱镜会将各单色光分开，即色散。

直到牛顿发现了阳光的秘密，并且以实验令人信服地证实了这个实事以后，人们才开始揭开色彩之谜。

通过对光的解析，科学家创建了一门新的学科：光谱学。这门学科的研究，加深了人们对宇宙的认识。

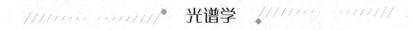

光谱学

1666年，牛顿通过玻璃棱镜（图4-6）将太阳光解析成从红光到紫光的各种颜色的光谱，从而发现白光是由各种颜色的光组成的。这是最早对光谱的研究，但是当时并没有能发现这些解析后的单色光具有固定的谱线。牛顿之所以没有能观察到光谱线，是因为他使太阳光通过了圆孔而不是通过狭缝。从而错过了发现光谱的机会。

图4-6　三棱镜对可见光的解析

这一错过就是一百多年，直到1802年，渥拉斯顿首先发现了光谱现象，此后的1814年夫琅和费也独立地观察到了光谱线。在1814~1815年之间，夫琅和费公布了太阳光谱中的许多条暗线，并以字母来命名，其中有些命名沿用至今。此后便把这些线称为夫琅和费暗线。人们熟悉的可见光谱是连续光谱（图4-7），在整个电磁波谱系中只占很小区间，并且也有线状光谱和带状光谱。

实用光谱学是由基尔霍夫与本生在19世纪60年代发展起来的。他们证明光谱学可以用作定性化学分析的新方法，还利用这种方法发现了几种当时还为人所不知的元素，并且通过对太阳光光谱的测定，证明了在太阳里存在着多种已知的元素。

随着科技的进展，光谱学所涉及的电磁波波段越来越宽广，从波长处于皮米级的γ射线、到X射线、紫外线、可见光区域、红外线、微波，再到波长可达几公里的无线电波，都有其与物质作用的特征形式，从而表现为各种形式的光谱。

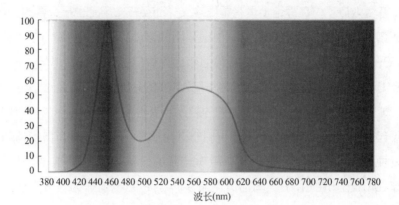

波长(nm)

图4-7 可见光谱

通过光谱学研究，人们可以解析原子与分子的能级与几何结构、特定化学过程的反应速率、某物质在太空中特定区域的浓度分布等多方面的微观与宏观性质。人们也可以利用物质的特定组成结构来产生具有特殊光学性质的光谱，例如特定频率的激光。

根据产生光谱的原理，光谱分为发射光谱和吸收光谱两大类型。

发射光谱又可以区分为三种不同类别的光谱：线状光谱、带状光谱和连续光谱。线状光谱主要产生于原子，带状光谱主要产生于分子，连续光谱则主要产生于白炽的固体或气体放电。

现代观测到的原子发射的光谱线已有百万条了。每种原子都有其独特的光谱，犹如人的指纹一样是各不相同的。根据光谱学的理论，每种原子都有其自身的一系列分立的能态，每一能态都有一定的能量。

1896年，P·塞曼把光源放在磁场中来观察磁场对光谱线的影响。结果发现所研究的光谱线分裂成为密集的三重线，而且这些谱线都是偏振的。人们把这种现象称为塞曼效应。1897年，H·A·洛伦兹对这个效应作了满意的解释，其基本概念是光由各向同性的谐振子发射出来的，这些谐振子的运动在磁场中受到了磁力线的作用，产生了塞曼分裂。但是，1898年，T·普雷斯顿观察到锌线（4722埃）与镉线（4800埃）在磁场中分裂为四重线而非三重线。类似的现象别人也观察到了。后来人们便把谱线的三重线分裂称为正常塞曼效应，而把所有例外情况称为反常塞曼效应。

塞曼效应不仅在理论上具有重要意义，而且在实用上也是重要的。在复杂光谱的分类中，塞曼效应是一种很有用的方法，有效地帮助了人们对于复杂光谱的理解。另一方面，被称为斯塔克效应的光谱线在电场中的分裂（1913）被认为仅具有理论意义，对于光谱线的分析没有实际用途。

能够满意地解释这种光谱线的分裂以及其他复杂原子光谱的是20世纪发展起来的量子力学。电子不仅具有轨道角动量，而且还具有自旋角动量。这两种角动量的结合便成功地解释了光谱线的分裂现象。电子自旋的概念首先是在1925年由G·E·乌伦贝克和S·A·古兹密特作为假设而引入的，以便解释碱金属原子光谱的测量结果。

人们根据光谱原理研制出光谱仪，用来进行光谱测量和研究（图4-8）。

图4-8 光谱分析仪

当一束具有连续波长的光通过一种物质时，光束中的某些成分便会有所减弱，当经过物质而被吸收的光束由光谱仪展成光谱时，就得到该物质的吸收光谱。吸收光谱从另一个角度，即从与介质（环境）的交互关系的角度表现出光的性质。

几乎所有物质都有其独特的吸收光谱。原子的吸收光谱所给出的有关能级结构的知识同发射光谱所给出的是互为补充的。

一般来说，吸收光谱学所研究的是物质吸收了哪些波长的光，吸收的程度如何，为什么会有吸收等问题。研究的对象基本上为分子。

吸收光谱的光谱范围是很广阔的，大约从10nm到1000μm。在

200nm到800nm的光谱范围内，可以观测到固体、液体和溶液的吸收，这些吸收有的是连续的，称为一般吸收光谱；有的显示出一个或多个吸收带，称为选择吸收光谱。所有这些光谱都是由于分子的电子态的变化而产生的。选择吸收光谱在有机化学中有广泛的应用，包括对化合物的鉴定、化学过程的控制、分子结构的确定、定性和定量化学分析等。分子的红外吸收光谱一般是研究分子的振动光谱与转动光谱的，其中分子振动光谱一直是主要的研究课题。

但是，光谱受环境（例如电场）影响发生改变的意义不应该只从是否有实用价值来衡量。光作为电磁波，对电场、磁场作出反应是正常的物理现象。同时，光还能对其他环境产生反应吗？或者说光还能通过某些转变而对其他环境产生反应吗？这些交互影响在光谱中能找到痕迹吗？这也许都是有趣的问题。

光的波粒二象性探索

当代科学家已经普遍接受了光子的概念，量子力学已经是现代物理学的经典课程，但是对光的本性的探索经历了漫长的过程。可以说探索光的本性也就等于探索物质的本性。科学史上，整个物理学在某种程度上正是围绕着物质究竟是波还是粒子而展开的。

这得从笛卡儿说起。

笛卡儿是以哲学家的身份闻名于世的。他去世后才获得欧洲普遍的认可，在他的墓碑上写着："笛卡儿，欧洲文艺复兴以来第一个为人类争取并保证理性权利的人"。由此可见人们对他的评价有多么高。

笛卡儿1596年3月31日生于法国安德尔-卢瓦尔省的图赖讷拉海，

1650年2月11日逝世于瑞典斯德哥尔摩，是法国著名的哲学家、数学家、物理学家。他所具有的怀疑一切的思维方法，使他在诸多领域提出了独到的见解。特别是他在物理学提出的两点假说，成为光的波粒之争的立题之举。

在人们对物理光学的研究过程中，光的本性问题和光的颜色问题成为焦点。对于这个问题，笛卡儿在他《方法论》的三个附录之一《折光学》中提出了两种假说。一种假说认为，光是类似于微粒的一种物质；另一种假说认为光是一种以"以太"为媒质的压力。虽然笛卡儿更强调媒介对光的影响和作用，但他的这两种假说已经为后来的微粒说和波动说的争论埋下了伏笔。

在笛卡儿去世5年之后，1655年，意大利波仑亚大学的数学教授格里马第在观测放在光束中的小棍子的影子时，首先发现了光的衍射现象。据此他推想光可能是与水波类似的一种流体。格里马第第一个提出了"光的衍射"这一概念，是光的波动学说最早的倡导者。

1663年，英国科学家波义耳提出了物体的颜色不是物体本身的性质，而是光照射在物体上产生的效果。他第一次记载了肥皂泡和玻璃球中的彩色条纹。这一发现与格里马第的说法有不谋而合之处，为后来对的光研究奠定了基础。

不久后，英国物理学家胡克重复了格里马第的实验，并通过对肥皂泡沫的颜色的观察提出了"光是以太的一种纵向波"的假说。根据这一假说，胡克也认为光的颜色是由其频率决定的。

这些对光的研究显然启发了著名的物理学家牛顿，但是他并不同意关于光是波的说法。他第一个用微粒说阐述光的颜色理论。

1672年，牛顿在他的论文《关于光和色的新理论》中谈到了他所做的光的色散实验：让太阳光通过一个小孔后照在暗室里的棱镜上，在对面的墙壁上会得到一个彩色光谱。他认为，光的复合和分解就像不同颜色的微粒混合在一起又被分开一样。在这篇论文里他用微粒说阐述了光的颜色理论。第一次光的波动说与粒子说的争论由"光的颜色"这根导火索引燃了。从此胡克与牛顿之间展开了漫长而激烈的争论。

1672年2月6日，以胡克为主席，由胡克和波义耳等组成的英国皇家学会评议委员会对牛顿提交的论文《关于光和色的新理论》基本上持否定的态度。牛顿开始并没有完全否定波动说，也不是微粒说偏执的支持者。但在争论展开以后，牛顿在很多论文中对胡克的波动说进行了反驳。由于此时的牛顿和胡克都没有形成完整的理论，因此波动说和微粒说之间的论战并没有全面展开。但是这个重要的命题一经提出，就引起了各国科学家的关注，并由此展开了多年的学术争论，推动了光学的进步。

首先是著名科学家惠更斯加入到这个争论中来，他支持胡克的波动说。惠更斯早年在天文学、物理学和技术科学等领域作出了重要贡献，并系统地对几何光学进行过研究。1666年，惠更斯应邀来到巴黎科学院以后，开始了对物理光学的研究。在他担任院士期间，曾去英国旅行，并在剑桥会见了牛顿。二人彼此十分欣赏，而且交流了对光的本性的看法，但此时惠更斯的观点更倾向于波动说，因此他和牛顿之间产生了分歧。正是这种分歧激发了惠更斯对物理光学的强烈热情。回到巴黎之后，惠更斯重复了牛顿的光学实验。他仔细的研究了牛顿的光学实验和格里马第实验，认为其中有很多现象都是微粒说所无法解释的。因此，他提出了波动学说比较完整的理论。

惠更斯认为，光是一种机械波。光波是一种靠物质载体来传播的纵向波，传播它的物质载体是"以太"。波面上的各点本身就是引起媒质振动的波源。根据这一理论，惠更斯证明了光的反射定律和折射定律，也比较好地解释了光的衍射、双折射现象和著名的"牛顿环"实验。如果说这些理论不易理解，惠更斯又举出了一个生活中的例子来反驳微粒说：如果光是由粒子组成的，那么在光的传播过程中各粒子必然互相碰撞，这样一定会导致光的传播方向的改变。而事实并非如此。

1882年，德国天文学家夫琅和费首次用光栅研究了光的衍射现象。在他之后，德国另一位物理学家施维尔德根据新的光波学说，对光通过光栅后的衍射现象进行了成功的解释。至此，新的波动学说牢固地建立起来了。微粒说开始转向劣势。毕竟，人们很难想象光是一粒一粒发射的。

随着光的波动学说的建立，人们开始为光波寻找载体，以太说又重新活跃起来。一些著名的科学家成为了以太说的代表人物。但人们在寻找以太的过程中遇到了许多困难，于是各种假说纷纷提出，以太成为了十九世纪的众焦点之一。很可惜，这个"以太"从一开始就是一个陷阱，或者说是光子微粒性的化身。现在很清楚，光自己就是自己的载体，只要它是物质的、粒子的，它就能传导。1887年，英国物理学家麦克尔逊与化学家莫雷以"以太漂流"实验否定了以太的存在。这个实验的设想是这样的：如果确实有以太存在，那么最好是假定它相对于太阳静止而相对于地球运动，因为只有这样才能很好地解释光行差现象。如果以太相对于地球运动，那么我们就应该可以通过某种方式探测出来。他们让光线分别在平行和垂直于地球运动方向等距离地往返传播，平行于地球运动的方向所花的时间将会略大于垂直方向的时间。结果，无论他们多次提高测试装备的精度，读数总是零，证明以太不动，也就是说以太没有意义。宇宙中没有这种媒介。但此后仍不乏科学家坚持对以太的研究。甚至在法拉第的光的电磁说、麦克斯韦的光的电磁说提出以后，还有许多科学家潜心致力于对以太的研究。直到现代，有人用激光装置重复了这个试验，仍然证明不存在以太，这个一度盛行的假说，才寿终正寝。

当年，就在惠更斯积极地宣传波动学说的同时，牛顿仍然在那里潜心于光的粒子说的研究。他修改和完善了他的著作《光学》。基于各类实验，在《光学》一书中，牛顿一方面提出了两点反驳惠更斯的理由：第一，光如果是一种波，它应该同声波一样可以绕过障碍物、不会产生影子；第二，冰洲石的双折射现象说明光在不同的边上有不同的性质，波动说无法解释其原因。另一方面，牛顿把他的物质微粒观推广到了整个自然界，并与他的质点力学体系融为一体，为微粒说找到了坚强的后盾。

1808年，拉普拉斯用微粒说分析了光的双折射线现象，批驳了波动说。

1809年，马吕斯在试验中发现了光的偏振现象。在进一步研究光的简单折射中的偏振时，他发现光在折射时是部分偏振的。因为惠更斯曾提出过光是一种纵波，而纵波不可能发生这样的偏振，这一发现成为了反对波动说的有力证据。1811年，布吕斯特在研究光的偏振现象时发现了光的偏振现象的经验定律。

1817年，巴黎科学院悬赏征求关于光的干涉的最佳论文。土木工程师菲涅耳也卷入了波动说与微粒说之间的纷争。在1815年菲涅耳就试图复兴惠更斯的波动说，1819年，菲涅耳成功地完成了对由两个平面镜所产生的相干光源进行的光的干涉实验，再次证明了光的波动说。他与一度是光的粒子说支持者的阿拉戈一道建立了光波的横向传播理论。

1887年，德国科学家赫兹发现光电效应，光的粒子性再一次被证明。但是，关于光的波动性的理论和证明也都是建立在科学实验基础上的，这种状态最终导致光的二象性学说的诞生。这就是光的量子学说。

1905年3月，爱因斯坦在德国《物理年报》上发表了题为《关于光的产生和转化的一个推测性观点》的论文。他认为对于时间的平均值，光表现为波动；对于时间的瞬间值，光表现为粒子性。这是历史上第一次揭示微观客体波动性和粒子性的统一，即波粒二象性。这一科学理论最终得到了学术界的广泛接受。

1921年，爱因斯坦因为"光的波粒二象性"这一成就而获得了诺贝尔物理学奖。同年，康普顿在试验中证明了X射线的粒子性。

1927年，杰默尔和乔治·汤姆森在试验中证明了电子束具有波的性质。同时人们也证明了氦原子射线、氢原子和氢分子射线具有波的性质。

在新的事实与理论面前，光的波动说与微粒说之争以"光具有波粒二象性"而落下了帷幕，最终促成了量子力学的诞生。后来，德布罗意又将波粒二象性推广到了所有的微观粒子。

认识光子

光子是比电子更有潜能的基本粒子，人类受惠于它比受惠于电子要早得多。

大自然丰富多彩的颜色，源于光子；

光化学反应早就在原始汤中不停地进行，生命源于光子；

眼睛的诞生和进化，源于光子；

植物的生长和自然合适的温度体系，源于光子。

电子借助于光子，才给夜晚带来光明；电子借助于光子，才给人类以丰富的视频。现在光纤通信网络已经进入千家万户。

人们赞美太阳，称它为万物生长之神，却很少与光子产生联想。太阳是光子的聚集地之一，但并不是它的唯一的家园。光子与宇宙同时诞生，它属于整个宇宙。

光子不像电子，电子隐匿在元素的原子中，不经过特定的手段，捕捉不到它。而光子每天行走在"光天化日"之下，人们每天都可以见到各种各样的光，阳光、灯光、火光、电光等等。但是人们对光子的认识，却比对电子的认识要少得多。但是，相比之下，光子之对于人类比电子要重要得多。

光子，也称为光量子，是传递电磁相互作用的基本粒子，是一种规范玻色子。

这里解释一下玻色子（bosons)。这是量子物理学中对各种基本粒子依其性质进行分类而取的一种类别名，得名于印度物理学家玻色。玻色子在相互作用中不守恒，其行为遵守1920年由萨蒂恩德拉-玻色（Satyendra bose，1894~1974)和爱因斯坦发展的"玻色-爱因斯坦统计法"的统计规则。光子是典范的玻色子。

各类基本粒子达62种。其中有轻子12种，主要参与弱作用，带电轻子也参与电磁作用，不参与强作用，典型的如电子、正电子（电子的反粒子）、μ子、反μ子等；另外有夸克36种，包括各色（红、绿、蓝）和各种（上、下）夸克等；有规范玻色子（规范传播子）14种，包括各种胶子、光子、假说的引力子和希格斯玻色子（Higgs Boson）。所有这些基本粒子都有各自的命名、特性和发现或提出的背景等。有些因为关注性质重点的不同而有着重复和交叉的命名，例如与轻子对应的重子，夸克和轻子又称为费米子等。最后一个被证实存在的是希格斯玻色子。这是粒子物理学标准模型预言的一种自旋为零的玻色子。它也是标准模型中最后一种未被发现的粒子。物理学家希格斯提出了希格斯机制。在此机制中，希格斯场引起自发对称性破缺，并将质量赋予规范传播子和费米子。希格斯粒子是希格斯场的场量子化激发，它通过自相互作用而获得质量。2012年7月2日，美国能源部下属的费米国家加速器实验室宣布，该实验室最新数据接近证明被称为"上帝粒子"

的希格斯玻色子的存在。2013年2月4日，该实验室确认希格斯玻色子的存在。所谓"上帝粒子"的说法，只是从它赋予弱相互作用的轻子质量和发现的困难而言。在我们看来，如果一定要给某个基本粒子安上"上帝粒子"的光环，非光子莫属。

光子的概念是爱因斯坦在1905年至1917年间提出的，当时被普遍接受的关于光是电磁波的经典电磁理论无法解释光电效应等实验现象。相对于当时的其他半经典理论在麦克斯韦方程的框架下将物质吸收和发射光的能量量子化，爱因斯坦首先提出光本身就是量子化的，这种光量子（英语：light quantum，德语：das Lichtquant)被称作光子。

光子这一概念的形成带动了实验和理论物理学在多个领域的巨大进展，例如激光、玻色-爱因斯坦凝聚、量子场论、量子力学的统计诠释、量子光学和量子计算等。根据粒子物理的标准模型，光子是所有电场和磁场的产生原因，而它们本身的存在，则是满足物理定律在时空内每一点具有特定对称性要求的结果。光子的内秉属性，例如质量、电荷、自旋等，则是由规范对称性所决定的。

1905年，年轻的科学家爱因斯坦发展了普朗克的量子说。他认为，电磁辐射在本质上就是一份一份不连续的，无论是在原子发射和吸收它们的时候，还是在传播过程中都是这样。爱因斯坦称它们为"光量子"，简称"光子"，并用光量子说解释了光电效应，这成为爱因斯坦获得1921年诺贝尔物理学奖的主要理由。一直以来，人们认为以光子学说而不是相对论授予爱因斯坦诺贝尔物理学奖，多少有些滑稽。现在看来，光子发现的意义不下于相对论。

光子是电磁辐射的载体。在量子场论中光子被认为是电磁相互作用的媒介子。与大多数基本粒子（如电子和夸克)相比，光子没有静止质量，在爱因斯坦的运动质量公式 $m=m_0/\text{sqr}[1-(v/c)]$ 中，光子的 $v=c$，使公式分母为0，但光子的运动质量 m 具有有限值，故光子的静止质量必须为零。但光子具有能量（$\varepsilon=hv$)和动量（$p=hv/c$)。

现在，光子在现代世界中所扮演的角色越来越显眼，光子与光能、化学能、电能、磁能、机械能、植物、动物等生命体都有关联（图4-9)。它既是能量，又是信息载体。直到量子纠缠的出现，将光子的神秘推向了一个新高潮。量子纠缠与光子的波粒二象性有着异曲同工之妙。只是它在展现光的奇特性能的同时，更接近光子的本质。

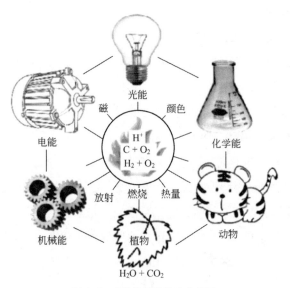

图4-9 光子能量转换及其应用

事实上，光子从它诞生之日开始，就在物质进化的进程中，扮演着重要的角色。因为有了光子的这种信息载体的作用，物质在进化过程中组装出与光子有响应和互动的组织与器官。

光敏分子

我们知道以元素为基本原料组装出来的物质是分子。分子的种类比起元素就大大地增加了。人类已经发现了超过3000万种有机物，而它们的特性更是千变万化。生物分子的种类和数量就更为惊人了。

生命的出现距今已经有35亿年的历史，也就是在地球形成的10亿年之后。地壳多次变动在地球表面变形成了一大批盐水湖，它们是海洋底部隆起后保留在低洼处的海水，在光照下浓缩成著名的"原始汤"。在阳光和二氧化碳的作用下，由大分子和有机分子自组装出了细菌，这些最早的细菌能释出氧气。这就是能够进行光合作用的叶绿素细菌。结果是地球大气层充满了氧气。原核生物由此诞生。重要的是，遗传物质也就此开始出现，并弥漫在细胞中。这种生命形式统治地球达10多亿年，遗传信息也就一直潜伏在它们体内。然后在15亿~20亿年前，真核细胞开始出现，它们继承了遗传信息，并在10亿年前组装出多细胞生物。

所有这些原始生物，包括最早出现的原核生物，都是有颜色的。

为什么？因为它们的细胞内都有一种分子，叫光敏分子（图4-10）。

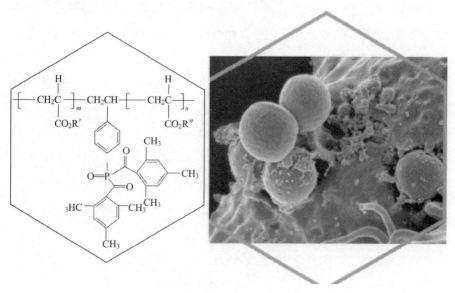

图4-10 植物与光敏分子

这种分子吸收红光-远红光可逆转换的光受体（色素蛋白质），称之为光敏色素（phytochrome)。它是植物体本身合成的一种调节生长发育的色蛋白。由蛋白质及生色团两部分组成，后者是4个吡咯分子连接成直链，与藻胆素类似。所有具光合作用的植物（光合细菌除外）均含有这种分子，尽管含量极低。从不同植物中分离出的光敏色素，分子量范围为120000～127000。

1920年，Garner和Allard就发现了植物的光周期现象，但是，直到1959年光敏色素被发现以后，人们才真正从内部生理和分子水平来解释植物的光周期现象。而且，进一步的实验证明，光周期不仅能影响到植物的开花，而且还能影响到其形成、叶子的脱落、种子的休眠等一系列生理过程。这一过程的肇因是光敏色素，它能感知照射在植物上的光线波长。光照充足的植物吸收红光，而光照不足的植物只能接收到剩下的远红光。光敏色素"看到"的光线类型，告诉植物究竟是向外、向上生长，还是开花、结果。

近些年来，随着分子生物学的日益兴起和发展，人们也开始从基因分子水平来阐明光敏色素的作用机制。许多实验都证明，光敏色素对基因表达的调控大都是在转录水平上进行的。人们通过许多实验证明，从光敏色素的活化到基因表达之间存在着一系列的信号传导中间体。而且，人们也利用生物化学的手段证明，G蛋白、cGMP、cAMP磷脂酶、IP_3、Ca^{2+}等都是光敏色素信号传递链的组分。

如果我们将这些研究成果只看作是与植物光合作用有关的学科进展，那就错了。光敏信息并不只是停留在植物体内，而是一直在发展中，作为一种重要的基因，将其遗传信息传递到了动物身上。不仅仅如此，与之并行产生出来的另一种光敏生物分子——"隐花色素分子"也同时在向动物的进化中进入遗传通道，从而为眼的组装作出贡献。

隐花色素是指能够感受蓝光（400～500nm）和近紫外光（330～390nm)区域的光的一种受体，是不同于光敏色素的另一个吸光色素系统。在藻类、真菌、苔藓、蕨类和种子植物中都找到了隐花色素。哺乳动物、昆虫体内都有其同源基因编码隐花色素蛋白，人们曾经猜测，隐花色素在鸟类的迁徙飞行中可能起定向作用。

长期以来，科学家们已经知道海龟、燕子和其它一些必须长距离迁徙的动物能够感知到地球的磁场，但是事实上这种能力似乎也存在于人类的眼睛中。隐花色素是一种对磁场感知极为关键的蛋白质，近期在果蝇身上进行的实验得到了一个惊人的结果：人类的眼睛中含有的隐花色素，对果蝇有同样的功效。

果蝇和人类的差异很大，这是毋庸置疑的，但是这项实验所揭示的结果确实令人印象深刻。斯蒂芬·拉皮特（Steven Reppert）是美国马萨诸塞州大学的神经学家，他说："人类眼中同样拥有隐花色素蛋白质，它能否在人类视网膜得到表达？就像一种光敏感受器？"拉皮特是这篇发表在《自然》杂志上的论文的第一作者。他说："我们不知道这种过程可否在人类视网膜上发生，但是这确实暗示了一种可能性。"

拉皮特的实验室专攻长距离迁徙的蝴蝶背后隐含的生物机制。三年前，他们在工作中发现果蝇可以借助隐花色素实现定向。

在那之前，有关隐花色素帮助定向的说法一直停留在猜想和假设的阶段。但是很快科学家们便发现这种蛋白质似乎可以充当一种神奇的"量子指南针"，感知那些由于受到磁场变动影响，在光子撞击下电子发生的极微弱旋转变化，从而帮助动物们判断地磁场的方向（图4-11）。

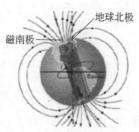

图4-11 隐花色素与动物磁导航

但是人类却是个例外，我们确实也有隐花色素，但是我们更多的似乎是将它作为我们生物钟的一部分，而不是用作指南针。

研究结果显示人类体内的隐花色素物质功能可能并不仅仅局限于生物钟。为了搞清楚脊椎动物的隐花色素物质对于果蝇会不会起作用，拉皮特教授决定采用人类隐花色素物质进行果蝇实验。他的小组首先对果蝇进行了生物工程改造，使其丧失其自身的隐花色素物质。随后将其置入一个人造磁场的迷宫中。实验人员发现果蝇到处乱转，挣扎着想找到方向，但是似乎完全没办法实现定向。随后研究人员将人类隐花色素植入它的体内，再次进行实验时，它们很快就找到了方向。

克劳斯·舒尔特（Klaus Schulten)是美国伊利诺伊大学的生物物理学家，他是隐花色素方面的研究先驱，但是他并未参与拉皮特博士的这一研究工作。他评价说："这篇论文非常让人振奋。"根据舒尔特的说法，这一实验结果进一步支持了有关脊椎动物的隐花色素具备同样功能的理论，当然也提出了有关人类隐花色素功能的问题。

拉皮特表示："我们还不能说隐花色素能同样在人类身上起作用，但是它确实可以在果蝇身上发生作用。"有关人类是否能感知到地磁场的问题本身是一个充满争议的话题。二十世纪八十年代，英国动物学家罗宾·贝克（Robin Baker)提出人类是可以感知地球磁场的，但是他的发现很难复制，因此没有被科学界接受。而近期德国科学家的工作也似乎揭示人类的视觉会受到磁场的些许影响。

这些说法是否都和人类眼睛内隐花色素含量异常增高有关？如果是的话，那么这种奇特的物质是否真的能在人体内发挥量子指南针的作用？拉皮特对这种怀疑非常欢迎。他说："有关人类其实是可以感知地磁场的说法是完全可能的，或许只是我们之前的验证方法不对头。"但是舒尔特有不同的观点，他认为人类在进化过程中很有可能已经放弃了地磁场感应的功能，以便延长自己的寿命。他的研究团队发现隐花色素作为量子指南针工作时需要过氧化物，这是一种氧分子自由基，而在生物体内的自由基会破坏DNA。这对于那些寿命较短的物种，例如果蝇当然是没什么问题的，但是对于人类这样要存活数十年的物种来说，可能就会产生问题。不过无论如何，舒尔特表示："或许在很久很久之前，在进化进程的某一阶段，人类和很多其他动物一样，曾经拥有过对地球磁场的感知能力。"

拉皮特现在已经投入到了有关隐花色素指南针的下一阶段的研究工作当

中，这次他试图了解大脑是如何读取隐花色素指南针的信息的。他说："在最基本的层面上，我们感兴趣的是这些定向信息是如何被传递到神经系统的。有关这一问题的答案，现在还无人知晓。"

我们在第3章的"两条新闻"中介绍了加州理工大学的一名研究人员乔·基尔施维克（Joe Kirschvink)最新的研究成果，正是在隐花色素的研究历程中最重要的进展，正如他所说的，"这是我们进化史的一部分，"基尔施维克说道，"磁感应能力也许是我们的原始感觉之一。"我们由此可以知道，眼睛在植物身上已经开始发育，它以"光敏色素"和"隐花色素"这类分子的形式接收和传递光信息。这确实"是我们进化史的一部分"。随着生物由植物进化到动物的进程的持续，对光敏感的遗传信息终于以"眼睛"的形式显露出来。

最近，日本理化学研究所、美国加利福尼亚大学洛杉矶分校、韩国全南大学等组成的国际共同研究小组宣布，查明了植物蓝光响应的初期过程：植物细胞核内存在的蓝光受体"隐花色素"在接受蓝光后会通过"二聚体化"激活，而BIC1蛋白质会阻碍二聚体化，调节隐花色素的活性。对植物而言，光不仅是光合作用的能量源，而且还是用来探知周围光环境的信息源，使多个光受体不断得到进化。其中，隐花色素就是一种重要的光受体，控制着植物的众多蓝光响应，比如脱黄化（使黄化的子叶以及变成豆芽状的植物恢复）、花芽形成、避阴反应（伸长茎部，向更好的光环境生长）等。

2010年7月28日，第九届国际脊椎动物形态学大会在乌拉圭埃斯特角城召开。在这次大会上，加拿大达尔豪斯大学的瑞恩·柯内教授宣布了他的研究成果。他说，在脊椎动物蝾螈的细胞内，观察到一种能进行光合作用的成分。这是首次发现脊椎动物细胞也能进行光合作用，将有助于更深入地了解脊椎动物细胞对自身和环境的识别能力。

当我们了解了光子在这所有的进化过程中的作用以后，对在生物分子阶段就已经有了对光敏感结构的组装就不会感到奇怪了。这种以光为导向的组装持续进化的结果之一，是眼睛的诞生。

眼睛解析

我们正在使用眼睛看这本书。大量的信息是通过眼睛收集到大脑中去的。"眼见为实"，它直观而无可置疑。

但是，为什么会有眼睛？

回答也许有些意外：因为有光，才有会有眼睛（图4-12）。

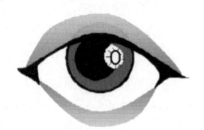

图4-12 光与眼：眼光

光是宇宙与生俱来的物质。在宇宙大爆炸的一瞬间，光就出现了。宇宙从此充满了光子。

在没有动物以前，也就是在没有眼睛感觉到光以前，植物已经感觉到了光，或者说光已经用它推动的自组装过程，组装出了植物。

绿色的植物、七彩的花朵（不同频段的光谱的展示），在没有眼睛以前，就已经遍布地球。光不是我们眼睛见到才有的，它一直就存在。

光的伟大贡献，在自然中开始日益明显地体现出来。当动物开始生成（当然是植物进一步组装的结果），细菌等初级动物也开始感觉到了光，强烈地希望"见"到光，眼睛由此被组装出来。

那么眼睛又是如何组装出来的？如果没有光，会组装出眼睛吗？光为什么要这样做？

眼睛是一个可以感知光线的器官。最简单的眼睛结构可以探测周围环境的明暗，更复杂的眼睛结构可以提供视觉。

人眼呈球形，位于眼眶内。正常成年人其前后径平均为24mm，垂直径平均23mm。最前端突出于眶外12~14mm，受眼睑保护。

眼球包括眼球壁、眼内腔和内容物、神经、血管等组织（图4-13）。

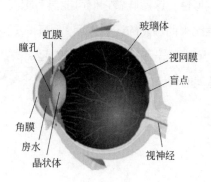

图4-13 眼的构造

角膜是眼球前部的透明部分，光线经此射入眼球。角膜稍呈椭圆形，略向前突。角膜无血管，由泪液、房水、周围血管以及神经支提供营养；角膜表面从大气得氧；角膜前的一层泪液膜有防止角膜干燥、保持角膜平滑和光学特性的作用；角膜含丰富的神经，感觉敏锐。因此角膜除了是光线进入眼内和折射成像的主要结构外，也起保护作用，并是测定人体知觉的重要部位。

其他还有虹膜、睫状体、视网膜、玻璃体，房水、视神经等，共同组成复杂的人眼。眼睛是人体最重要的器官之一。

动物由于生存环境和生物链等因素的影响，眼睛的结构与人类有所不同，功能也不完全相同。有些动物需要有全景收录功能，可谓眼观八方；有些需要有极远的确视觉能力，可谓千里眼；有些则需要在黑暗中也有良好视觉，是夜视眼。动物的这些眼功能，在进化过程中得到强化，从而组装成功。例如复眼通常在节肢动物（例如昆虫）中发现，由很多简单的小眼睛组成，并产生一个影像（不是通常想象的多影像）。在很多脊椎动物和一些软体动物中，眼睛通过把光投射到对光敏感的视网膜成像，在那里，光线被接受并转化成信号并通过视神经传递到脑部。

无论尺寸和形状怎么变化，脊椎动物和无脊椎动物的眼睛模式各自都只有一种（单眼和复眼）。长期以来，生物学家对这两种基本的眼睛模式是否具有同一个祖先存在争议。新的研究表明一种海里的蠕虫的眼睛与人类的眼睛具有出人意料的相似性，这意味着它们可能具有相同的起源。而现在我们已经知道，这种起源比人们想象的还要久远，那不只是可以追溯到植物中的生物分子，而且可以追溯到光子，追溯到宇宙的起源。

眼睛只是光所造就的奇迹之一。

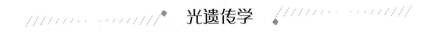

光遗传学

在了解了植物、动物体内的光响应生物结构后，我们对生命有"眼"就不感到奇怪了，并且对光子与生物的关系，有了更多的研究。而引人注目的是光遗传学。

光遗传学技术是新世纪的第一个10年才诞生的最新生物工程技术，被《自然》杂志评选为"2010年度最受关注科技成果技术"之一。作为斯坦福大学的研究人员用于神经生物学实验研究的一种方法，这种技术将光学技术和遗传学技术结合起来，以实现控制细胞的行为。

这项技术的关键是，先给动物的某种特定细胞转入一种特殊基因，这种基因表达产物能够对不同颜色光的刺激作出敏感的反应，再利用不同颜色的激光照射来激活或者抑制细胞的功能。

光遗传学技术的运用通常包括四个步骤：

第一、找寻合适的光敏蛋白，蛋白质可以是具有天然的光敏性，也可以是经过化学修饰而具有光敏性；

第二、遗传信息传递，通过转染、病毒转导、转基因动物系的建立等方式将光敏蛋白的遗传信息传递给目标细胞；

第三、可控性演示，通过从时间和空间上控制演示光线的特定性，实现对细胞活动的精确演示；

第四、读取研究结果，可采用电极通过检测细胞膜内外电压来测量光敏蛋白的荧光效果变化，并可用荧光性生物传感器来检测不同细胞的读出值；

最后，通过行为测试来评估调整细胞活动对整个动物的影响。

生物学家已经采用这项技术进行应用研究，并取得了一些重要进展。例如，斯坦福大学的研究人员可以使用光来影响小白鼠的大脑，让一只患有帕金森症的小白鼠重新站立起来，甚至是重新走路（图4-14）。

图 4-14 植入光敏膜通道的小白鼠

研究人员还在清醒的斑马鱼幼鱼的这些细胞中靶向插入光敏开关，结果发现这些细胞产生了突发的游泳行为：典型的周期性摆尾。这项发现可能为人类相关的研究提供一种启发，因为哺乳动物也有类似的细胞。此外，这项研究也凸现了新技术的亮点，使用光控开关——光栅离子通道并结合基因靶向定位可以轻松研究某一类型的细胞。

人的神经病学疾病研究表明，在罹患精神分裂症与其他精神病学与神经病学疾病的患者身上（被扰乱）会出现 γ 波，光遗传学新工具给予科学家很大的机会来探索这些信号通路的功能。γ 振荡反映出大型互连神经元网络的同步活动，以范围在每秒 20~80 周期的频率发射。这些振荡被认为由一种特殊的抑制细胞（inhibitory cells，称为快闪中间神经元）所控制，但这一设想并未得到具体的证实。为了测定哪些神经元负责驱动这种振荡，研究人员利用一种被称为 channel rhodopsin-2（ChR2，第二型离子通道视紫质）的蛋白，这种蛋白能使神经元对光敏感。通过结合遗传学技术，研究人员在不同类型的神经元中表达了 ChR2，通过激光与遍及脑部的光纤，精确调控它们的活性。

总之，使用这些光遗传学（optogenetic）工具，能够激活清醒哺乳动物的单一神经元，并直接演示神经元激活表现出的行为结果。光遗传学方法使得研究人员能够获得关于脊髓回路的一些重要信息。这种新技术可以推广到所有类型的神经细胞，比如大脑的嗅觉、视觉、触觉、听觉细胞等。光遗传学开辟了一个新的让人激动的研究领域，可以挑选出一种类型的细胞然后发现其功能。

采用植入光敏膜通道（ChR）的方法，相当于在神经细胞当中安装了一个开关，科研人员可以通过是否给予光照刺激的方法打开或者关上这个开关，通过这种方式对细胞进行调控。但是，这种植入从树突到轴突，被插入的 ChR 可以在神经元的全部表面表达，不受神经元特定区域的限制。因此科学家很难采集并解读突触连接，因为很难确定 ChR 刺激具体来自神经元的哪个部位。

"来自马克斯·普朗克佛罗里达神经科学研究所的研究团队最近（2016年8月）在 eLIFE 杂志上发表了他们优化光遗传学技术，绘制大脑神经环路的新方法。改进的方法用基因技术限制 ChR 在细胞内的空间位置，使其表达于胞体和附近的神经元树突上。空间限制 ChR 表达可以揭示那些胞体位于突触后细胞的树突附近的神经元的突触连接。此外，这项技术还可以保证光刺激被应用到某个特定的细胞，任何被记录到的反应都能够可信地归结于那个细胞的活动，而并不是轴突，或者其他细胞树突恰巧在光刺激时传来的兴奋。这个方法快速可靠地评估单个神经元水平上的突触连接情况并为其他涉及光遗传学操作的实验增强了特异性。

研究人员说，他们的目标是构建一个精确的图谱揭示有功能的突触连接，利用光刺激评估神经环路可以在神经病学或精神病学动物模型上揭示神经系统如何运作、如何调整、如何被干扰。优化后的方法非常简单，很容易用标准双光子显微镜操作，这项技术对神经科学领域的相关研究提供了许多新的可能性。"（引自《生物探索》：升级版光遗传学技术照亮神经网络的研究道路，漱石编译自 Max Planck Florida Institute for Neuroscience 网站，原标题："Refining optogenetic methods to map synaptic connections in the brain"）

显然，光遗传学技术给医学领域传递出的信息是极为令人振奋的。

但是，这项技术的背景意义更为深远。将光子技术引入生物学领域，很恰当地接近了生物信息的本质，正如我们前面已经介绍的，人们早就在植物体内发现了隐花色素蛋白，担负着接收光信息的任务。循着这个路径，我们可以从更基本的层面，也就是物质结构的层面，来发现光子在物质进化中所起的重要作用。由于作为意识的载体，光子普遍地存在于基本粒子中，这就使得光子承载的意识，有可能是物质的一种基本属性。

光使者

光可以用于通信已经是不争的事实。与传统通信技术对接的通信光缆已经走进千家万户。人们还在努力做更多的实验，以实现光量子通讯。从这个意义上说，光是传递信息的使者，不会有人反对。

但是，我们这里要说的是它本身携带的自组装信息，是自组装信息的使者，初听起来，很多人会觉得难以理解。但是，仔细一想，这是完全可能和非常合理的。

人们经常用"见光死"来形容事物的脆弱。但事实是，一切因为有了光才存在和有意义。应该说宇宙普遍的规律是"见光活"。

通过前面的介绍，我们已经很清楚地看到，光子在组成宇宙过程中的重要作用。

从藏匿在电子和几乎所有基本粒子中的光子到组成光线的光子流，所有物质组装过程中，都有光子的身影。它比核子和电子更普遍地出现在所有组装场合，特别在生命出现后，光子的作用更加积极和明显。

阳光（光子流）在自然形成中的作用之重要是不言而喻的。这不仅仅因为它意味着能量，而且因为它代表着组装意识的传递者，是光使者。我们从光子所具备的各种特殊性能可以看出：只有它最具有这个使者的身份和能力，没有其他基本粒子可以有它具备的这种便利。

光与宇宙与生俱来的，它有最快的速度，有最稳定（自旋为1）的性能和不占据质量份额（没有静止质量），但它实实在在是粒子，却有波和粒子双重身份。它还有千变万化的能力，是氧化剂，又是还原剂，是粒子，又是波，是电，又是磁，是色彩又是光，是能量，又是暗能量，是信息，又是使者。你再也找不到任何一种其它的粒子，在宇宙中、在自然中能具备所有这些能力。而物质的自组装就一直在它的光顾下实现着，没有例外。我们基于它的这许多独特的性能，可以大胆地猜测：光子是传递物质自组装意识的使者。

05 第五章

需要解开的谜团

逆行的蚂蚁和自杀的旅鼠

我小时候经常蹲在房屋的墙脚或树荫下，盯着地上成群蚂蚁，看它们搬家或者觅食（图5-1）。在这些成群地朝着一个方向奔跑的蚂蚁队伍中，总有几只向相反的方向跑动的蚂蚁，与迎面而来的每只蚂蚁碰一下头，似乎在传达一种口令，它就这样一直朝着大队向与它相反方向赶路的蚂蚁碰一下。

图5-1　蚂蚁搬家

这也许是这个群体内的一种信息交流方式。我们可以认为，逆行的蚂蚁是信使，负责向每一只工蚁传达指令，也可以认为是侦察兵，将在远方获得的最新情报报告给后来的大部队。这是蚂蚁的行为学问题，或者说动物的行为学问题。这些行为说明动物之间是有信息交流的。事实上，动物之间的这种交流，可以有多种方式，包括气息、声音（人类即为语言，动物的吼叫等）、动作（人类即为手势、眼神、肢体语言，昆虫的飞行姿势等）。

显然，面对面的直接接触和在可视范围内传递信息是动物信息交流的最常见的形式，在有限的群体内是有效的。而在大量群体和广大范围这些信息交流方式的速度和涉及的面是有限的，在大量的种群间，这种方式的效率显然是不够的。但是，我们会发现，很多动物在大量的种群内和很远的距离范围，有惊人一致的种群行为。用传统的信息交流模式是难以做到或无法解释的。

大家可能听说过旅鼠的故事。这就是入选我国初中语文教材的课文《旅鼠之谜》（人教版初二下册第13课和沪教版初一下册第20课）。这篇课文很生动地为我们讲述了一个大自然中生物生存调节的独特的故事。作者是我国著名的北极科考科学家位梦华。

以下是这个旅鼠之谜的故事梗概。

中国的北极科学考察科学家在北极巴罗附近的因纽特人村落遗址附近抓到一只老鼠。碰巧被也在附近的纽约动物协会的成员丹尼斯·马洛拉斯先生看到，指出这是一只旅鼠。并说"人们研究了好几个世纪，却始终解不开它们的奥秘。"马洛拉斯先生对旅鼠一年的生育数量算了一笔帐。

原来，旅鼠是繁殖能力最强的动物，也许只有细菌分裂才能和它们相比。它们一年能生七八胎，每胎可生12个幼崽。更加有趣的是，只需20多天，幼崽即可成熟，并且开始生育。你知道这意味着什么吗？让我们算笔账你就知道了。一对旅鼠从3月份开始生育，假使它们一年中生了7窝，每窝12只，一共84只，这是它们的第二代，也就是儿子和女儿。再假设每胎都是6公6母，则为6对。20天后，第一胎的6对开始生育，每胎12只，一下子就可生出72只，一共可以生6胎，则为432只。40天后，第二胎的6对也加入了生育大军，它们一共可以生5胎，若每胎12只，则为360只。依此类推，那么，它们的孙子和孙女能有多少呢？一共可以有1512只。这是第三代。不要忘了，40天以后，第三代的第一胎共36对也开始繁殖了，它们的第一胎就可以生432只，一共可生5胎，为2160只。还有第三代的第二胎到第七胎呢，所以第四代一生可以生出6480只。照这样推算下去，第五代为25920只，第六代为93312只，第七代为279936只，第八代，也就是这一年的最后一批为559872只。

从3月份的2只，到8月底9月初就会变成967118只的庞大队伍！就是由于气候、疾病和天敌的消耗等原因中途死掉一半，也还有50万只旅鼠！天哪，这简直像是一个天文数字！

正因为如此，所以，在如此广阔的北极草原上，有时候，它们的密度竟能达到每公顷有250只之多！这还只是旅鼠的第一大奥秘。

实际上，旅鼠并非每年都大量繁殖，但是当气候适宜和食物富足时，它们就像听到一声令下，齐心合力地大量繁殖起来，使整个种群的数量急剧地膨胀。一旦达到一定的密度，例如一公顷有几百只，奇怪的现象就发生了：这时候，几乎所有的旅鼠一下子都变得焦躁不安起来，它们东跑西颠，吵吵嚷嚷，永无休止，停止进食，似乎大难临头，世界末日就要到来似的。这时的旅鼠不再胆小怕事，见人就跑，而是恰恰相反，在任何天敌面前它们都显得勇敢异常，无所畏惧，具有明显的挑衅性，有时甚至会主动进攻，真有点天不怕地不怕的样子。更加难以解释的是，这时候，连它们的毛色也会发生明显的变化，由灰黑变成鲜艳的橘红，使其目标变得特别突出（图5-2）。所有这些奇怪的现象加在一起，唯一可能而且合理的解释是，它们千方百计地去吸引像猫头鹰、贼鸥、灰黑色海鸥、粗腿秃鹰、北极狐狸甚至北极熊等天敌的注意，以便多多地来吞食它们。这与自杀没有什么区别。这就是旅鼠的第二个难解之谜。

图5-2 毛色变鲜艳的旅鼠

但是，无论怎样地暴露自己，因为它们的数量实在太多，而天敌的数量却总是有限的，要靠这种方法来减少数量收效甚微。因此，它们似乎是一计不成又生一计，显示出一种非常强烈的迁移意识，纷纷聚集在一起，渐渐地形成大群，开始时似乎没有什么明确的方向和目标，到处乱窜，就像出发之前的乱忙、正在做着各种准备似的。但到后来，不知是谁一声令下，也不知道是由谁带头，它们忽然朝着同一个方向，浩浩荡荡地出发了。而且往往是白天休整进食，晚上摸黑前进。沿途不断有旅鼠加入，队伍愈来愈大，常常达数百万只。它们逢山过山，遇水涉水，前赴后继，沿着一条笔直的路线奋勇前进，决不绕道，更不停止。一直奔到大海，仍然毫无惧色，纷纷跳将下去，被汹涌澎湃的波涛吞没，直到全军覆没为止。这就是所谓"旅鼠死亡大迁移"。也就是旅鼠的"第三大奥秘"。

有人专门研究了各地旅鼠迁移的方向，结果发现，它们最终的目的都是奔向大海。例如，瑞典和挪威中部的旅鼠是往西奔向大西洋，而挪威北部的旅鼠则是往北奔向巴伦支海。奇怪的是，还没有发现哪个地方的旅鼠是往南迁移的，其实只要它们稍微往南走一点，就可以找到食物丰富且气候温和的天堂。由此可见，它们似乎是按照某种严格的指令行事，明白无误地都把大海看作自己最终的归宿。

是的，相信所有读过这个故事的人都会思考：旅鼠为什么知道这么做？种群数量过量对动物的生存是有威胁的，一个主要的原因就是可供种群生存的自然环境中的食物量不够供给。如果没有相应的调节机制，种群的生存质量就会受到影响。

事实上，人类也好，其他动物也好，都在用各种不同的方式调节着自己种群的数量。这种调节指令来自何方？信息是如何传递的？这都是我们希望得到解答的。

面对这种动物行为，我们以往会用"生物电"来加以解释。但是，正如我们已经讨论过的，在生物体内谈论"电"，载体是一个最大的问题。就生物学而言，生物体基本是离子导电模式。发射"生物电"的机理是不能自圆其说的。并且能够发射的电波，目前已知的只能是电磁波，而不是"电流"。因此，生物波只能解读为一种电磁波。而电磁波的发射与接收同样需要硬件支持，这也是用当前物理学难以解释的。而当我们以光子来作为生物信息的载体时，就可以比较圆满地解释生物群体中的信息传递了。旅鼠体内的分担繁殖任务的细胞组织中的DNA收集有关于种群计数的信息，一旦出现超出数量限定，就会触发报警讯号并迅速发出光子波互相通知，这才出现每当它们的数量达到一个限度时，它们中就有一部分会像发疯一样地走上自杀的死亡之路。这种死亡是为了让生存下来的同类有良好的生存环境，而不至于受到缺少食物的威胁。理解了出现这种奇怪现象的机理，对于认识更多的自然中存在的动物行为是有帮助的。可以说，这不止是旅鼠这一种动物的行为模式。

鲸类集体自杀之谜

1985年12月22日早晨，福建省打水岙湾的洋面上，一群抹香鲸乘着涨潮的波浪冲向海滩，全部搁浅，渔民们采用种种方法，甚至动用机帆船拖拽，驱赶鲸群返回海洋。可是，被拖下海的鲸，竟又冲上滩来，直到退潮，12头长12~15米的抹香鲸全部毙命。这是我国首次有记录的抹香鲸集体自杀事件。

鲸类集体自杀在世界上屡见不鲜。1970年1月11日，在美国佛罗里达州附近的海岸，有数百头鲸冲上沙滩一起死去。同年3月18日，在新西兰的奥基塔，也发生过一次鲸集体自杀事件。据英国大英博物馆所作鲸类自杀的记录，自1913年来，有案可查的鲸类搁浅自杀总数已逾1万（图5-3）。

图5-3 鲸在海滩上集体自杀

这种悲剧在人类进入21世纪后并没有停止。

2005年10月26日，约70条巨头鲸被发现在澳大利亚塔斯马尼亚岛的海滩上不幸搁浅死亡。巨头鲸是一种喜欢集体活动的鲸鱼。在众多的"自然之谜"中，鲸鱼的"自杀悲剧"无疑是最悲惨最牵动人心的一幕。10月26日，野生动植物管理人员说，在24小时内，近140头巨头鲸先后在澳大利亚塔斯马尼亚岛海滩集体搁浅。先是60头巨头鲸冲向沙滩，几小时后，又有80头巨头鲸在同一地点搁浅死亡。由于鲸鱼搁浅地点很难抵达，救援人员只能将几头鲸鱼送回大海。

塔斯马尼亚岛素以优美风景和宜人气候闻名于世，但几乎每年这里都会发生大批鲸鱼搁浅死亡的事情。据统计，过去80年间，此地共发生过300余起鲸鱼"集体自杀"悲剧。用澳洲媒体的话说，塔斯马尼亚就像是鲸鱼群公认的墓地。但科学家们至今不能确定，为什么鲸鱼选择这里作为生命的归宿？世代栖息在大海里的鲸群为什么会突然之间一反常态冲向海滩，它们真的在上演"集体自杀"的悲剧吗？

究竟是什么原因迫使这些海洋动物"自寻短见"呢？海洋生物学家怀疑这些动物患了某种传染病，由于不堪疾病折磨而自杀的，但化验证明它们什么病也没有。

还有些海洋生物学家们认为，海洋中的次声波是杀死这些海洋动物的"秘密武器"。可是，次声波到底是通过什么肆虐这些海洋动物的呢？在大西洋那么长的海岸线上，次声波怎么会持续那么长的时间呢？对这些问题，现在谁也说不清楚。

另一种说法是海水污染说，认为是人类造成的环境污染使海水水质变差，生物生存环境改变导致出现海洋生物"自杀"事件。但是这种说法也不能令人信服，许多发生海洋生物"自杀"的海滩水质没有问题。并且如果是污染引起，受害的就是当地水域所有的海洋生物，而不会只危及鲸这一种动物。

在我们有了光子超距信息传递模式的认识后，应该会想到，陆地上旅鼠调节种群数量的自杀行为，有可能在鲸身上重演。动物以死亡调节种群数量的模式是多种多样的。自杀只是其中适合某些种群的模式之一。这种模式可能存在于自然生存环境相对优越、极易导致生育失控的动物。北极边缘的丰富草地、无边的大海，都是可以放任生育的环境，但是一旦种群数过量，对新生命就会构成威胁。生物体内的计数基因"跳动"到临界值，就会发出"自杀"信息。无论是个体计数信息还是"自杀"信息，都是生物体之间的群发和群收行为。很像我们现在经常玩的"微信群发"。生物进化中的种群调节是动物出现"自杀"行为的解释，而支持这种行为意识在种群中传递的，只能是根植于生物体内的光敏细胞和基因。这类生物组织具有发送和接收以光子为载体的生物信息的功能。

这种推测在昆虫身上得到了印证。

昆虫种群数量的自调节

我们再拿昆虫作为例子，看看动物是如何调节繁殖和种群数量的。

昆虫有极为强烈的生存能力，甚至在一些极为恶劣的环境里，它们也能栖身繁衍，显示出强大的生命力。它们的形体结构极为多变和巧妙，包括飞行、复眼、蛹变等等，已经十分神奇。更为神奇的是它们懂得控制雌雄和数量，以合理适应资源环境，保证种群的繁衍。这些奇妙的昆虫功能，曾经是生物学中一大谜团，在当代分子遗传学充分发达的基础上，人们从昆虫体内找到了一些答案。

科学家通过研究果蝇（图5-4），在昆虫细胞内发现了性染色体、昆虫性别决定基因等。有一种da+（daughterless）基因，在雌性胚胎中用来激活致死基因sxl+，如果这个基因发生突变，表现为雌性胚胎具有致死性。

图5-4 果蝇

另有两种基因Sisterless a（sis-a+）和Sisterless b（sis-b+）也是致死性的，并且能够计数（count）和感知X染色体数量，如果此基因产生突变，雌性胚胎也是致死性的。

昆虫为什么要在自己体内存储致死基因？显然是为了控制种群数量。如果出现种群超繁殖的现象，这个种群昆虫体内的计数器会接收到超出限度的光子信息，致死基因会被激活，一大批昆虫会因此而死去。这虽然没有旅鼠那样夸张，但也仍然是很悲壮的。没有意识的传递，这种动物控制种群数量的模式是难以实现的。大批昆虫的集体死亡，不可能一个一个地去通知它们，只能靠"无线"的方式，"群发信息"，才有可能实现。

对黑尾果蝇的研究表明，性别决定过程是一个非常复杂的基因调整与剪接过程，起作用的是细胞内从性染色体到各种功能基因。科学家已经将这个过程通过生物学实验，解析得非常详尽。但是，这个决定种系性别数量比的最初的或一系列积累的信息，是从哪里获得并传递的？

对于种系性别决定，现在的模式是建立在生殖细胞诱导性和自主性组分的双重作用基础上的，由生物体内X（性染色体）和A（性别基因）的比率来调节。对于各种功能的性别基因（主要有四种），它们还有一定修正功能，即当自主选择出错时，在后期还可以用死亡模式来调节种群数量。但是具体作用过程是什么，仍然不清楚。基因是如何感知这个比率的？在什么参数达到什么值时进入调节程序？这些数据的收集和传递是如何进行的？如果没有大量自动累积的统计功能，个体既无法得知自己的性别是否合适，也不知道自己是不是多余的。因此，"云计算"这种模式早就在昆虫的生育调节中起作用了。它们通过群发的信息交换可以获得准确的信息，决定自己的性别和是否要"自杀"。

生物学家已经在许多昆虫中发现细菌雄性致死因子，并且根据死亡的时间分为早期雄性致死、晚期雄性致死。这种致死的潜在益处为资源分配、避免近亲交配、增加性比扭变子（cytoplasmec sex ratio kistorters）传播的机会，以操纵性比的变化（通常是增加雌性或偶尔增加雄性的比率）。昆虫的复杂性染色体和性基因可以在昆虫生长期的各个阶段导致昆虫死亡，携带错误因基的昆虫的随意性交产生的后代不会真正出生，从而控制种群的性别比和数量，保证资源的合理分配。这种精致的信息传递是如何实现的？

所有这些疑问只有一个答案，就是有一种载体在传递着生物的信息。这种生物信息的载体是复杂分子结构的生物层面发挥作用的，只能是更低层次的微粒。

昆虫的这种行为不是个别的，在所有动物界同样存在与此类似的问题。人们用"物竞天择"大而化之地对这些行为做出了解答。至于这个选择的基本参数如何从生物个体采集和向种群传达？人们拿不出可靠的生物学依据。人们曾经提出过一些猜测和假说，例如具超距作用的心灵感应，这只是用现象解释现象，并不是真正的答案。而比较接近当代物理常识的，只能是生物电磁波说。从目前已经获得的有限的生物体内光响应分子及更基本的生物组织（DNA）等的进展来看，光子极有可能是这种生物信息的载体。因为光波就是电磁波。

生物无线电学的诞生

我在初中时代是无线电爱好者，经常去学校图书室借阅《无线电》杂志。1963年第12期无线电杂志的首页，刊登了一篇题为"生物无线学的诞生"的科普文章，给我留下了极为深刻的印象。

生物无线电学在当时是一门崭新的科学。即使到了现在，仍然算得上是前沿学科，是一个值得探索的领域。

要谈"生物无线电学"的诞生，就得先谈谈许多怪现象的发现。

自古以来，民间就有许多传说：某人遇难，他的亲人在家突然感到心惊肉跳；慈母思念游子，会使他在千里之外，忽然心慌意乱……这些传说由于过分夸张和荒诞，早被人们认为是无稽之谈。但是，在生活中，仍然不断发现一些奇怪的现象，例如：1918年7月9日，当时的苏联巴东城一位青年妇女，因患乳腺癌而施手术，痛不可忍，这时远在2700公里外，住在卡干达的母亲瓦尔垃莫娃左胸忽然剧痛，急忙找医生检查，但没有检查出任何疾病。这类现象引起科学家们极大的兴趣，他们进行了许多试验和研究，于是产生了一个大胆的推断；在生物机体间大概能够直接传递生物信息；在人与人之间，也有可能传递思维或心理活动信息（图5-5）。

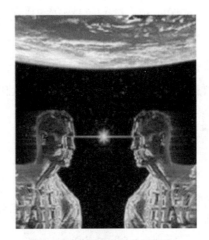

图5-5 存在思维传递的可能吗?

这些实验首先是用动物进行的。

例如把雌蛾关在笼子里，放在蛾类根本下不去的地方，不一会很多雄蛾就会准确地飞来。科学家们把它们涂上颜色再放掉，即使远离几十公里，有大风或其它障碍，雄蛾也会直接飞向雌蛾的秘密地点。

把热带鱼分别放入不同鱼缸中，可以发现它们同时起落，甚至彼此知道动身的时刻和运动方向。

人与人之间的类似联系，科学家也进行了许多有趣的实验，并开始提出"远距离思想感应"或"心里暗示"的概念。

例如，1959年，一个实验人员曾在一艘航行于大西洋深处的潜水艇中，每天在预定时刻极力记住许多简单的符号，另一个实验人员远在两千公里以外的岸上把同一时刻内浮现的印象画出来，经过十六昼夜的实验，结果在潜水艇中的人所想的符号和岸上的人所画出的符号有70%符合。依照"概率论"学说，要达到这样偶然的结果，必须十亿多次中才能碰到一次，难道这种结果是一种巧合吗？

这些实验证明，动物肌体间或人体之间，确实有一种尚未探明的信息联系存在。但是这种联系究竟依靠什么呢？

显然，当时是以无线电学的知识来解说这些问题的。这理所当然地受到许多科学家的质疑。他们认为，脑电的电压才万分之一微伏左右，它产生的电磁辐射能量已经微乎其微，如果再经过几百里、几千里的传播，它的场强压接收点就会弱得无法计算，任何灵敏的接收机都难于检出这样微弱的信号，何况近代工业、通信高度发达，空间中各种电磁场的作用十分复杂，此外还有自然界天电干扰的存在，这些电磁辐射都足以完全淹没这样微弱的信号。如此看来，生物的思维或心理活动信息的传播不可能靠无线电波进行。但是科学家们又无法解释实验已经证明鱼类感知数量级达几亿分之一安培的电流所产生的微弱电磁场、鸟类对微弱的电磁场也有非常灵敏的感知作用，因为这些结果对于电磁辐射传递思维或心理活动信息的学说是一个有力的支持。但是，这种感应和传递的机理是什么？以当时的科学技术水平，确实是很难说清楚的。

我们再来看这篇关于"生物无线电学诞生"的报道。

这篇写于50多年前的报道，相信在今天的读者看来也并不是落伍的话题。因为它所涉及的，正是信息超距传递的问题，是试图用物理波来证明意识是可以超距传递的。令人惊异的是这篇报道的结论：

"生物无线电学还处在萌芽阶段，许多问题和任务都只是在开始探索，离它的最后目标还远，但是，生物无线电学未来的发展，无疑也会在科学研究、生产实践中引起巨大的变革！

第一，如果揭开了思维传递的秘密，就可以利用"思维波发射机"和"接收机"来直接传送思维。这样，现在用的无线电通讯技术都将成为过时的了！

第二，如果在机器人身上装有精密的"生物无线电接收机"，这些强大的机械将完全按照人的意图，在许多特殊的条件下，完成极为复杂的工作，而人只要在工作室中进行紧张的思维就行了！不难设想，这对科学界将是一个多么巨大的革新啊！

第三，在完全揭开了思维或心理活动的物质基础的秘密之后，人类就将成为真正的自然界主人，例如，人类掌握了各种动物的心理活动信号波，就可以模拟出这种信号波来指挥任何动物。

生物无线电学的前景十分远大，这里有一片无限的待开垦的处女地支持着科学家、无线电专家、生物学家和广大无线电爱好者们去贡献他们的劳动和智慧！"

当我们在过去了50多年后的今天，来看当代生物无线电学的进展，特别是读到关于在昆虫体内植入芯片操控昆虫的报道，可知基于科学探索的预见，是多么令人信服！

当代的生物无线电学

事实上，自从生物无线电学诞生以来，这门学科就一直在默默地探索着，并没有停止研究的脚步。只是它需要技术进步的支持。微电子技术的进步、人工智能系统的开发，对研究生物无线电学带来了新的硬件支持。

例如，据腾讯科技 2009-2-4 13：49：20 报道，美国科学家日前宣布，他们已研制出了一种能够对昆虫进行无线遥控的新技术。加利福尼亚大学的科学家们表示，通过在一种名为独角仙的甲虫体内植入电极和无线电信号接收装置，他们已能够对这种昆虫的翅膀和身体其他部分的运动情况进行远程控制（图5-6）。

图5-6 植入了芯片的甲虫

据介绍，研究人员在一只独角仙的大脑和肌肉组织中植入了六个微型电极。此外，他们还在甲虫身上设置了一台能够向这些电极传输无线电信号的模块（由微型控制器和电池组成）。在此之前，该大学的专家们曾通过直接的电流刺激实现了对昆虫行动的控制，而通过无线电信号控制昆虫行为方式还是首次。科学家们解释说，之所以要选择独角仙作为改造对象，是因为这种甲虫的力气在同体积的昆虫中相对较大，最多可驮运3克重的物品。而安装在独角仙身上的所有设备只有大约1.3克，并不会对其行动产生严重的阻碍。今后，科学家们还计划在其身上安装包括摄像机在内的特殊观测设备。由于每只独角仙可以负担3克的重物，因此它们除了控制设备外，还可在携带1.7克重的传感器材。

在谈到研制这种控制技术的目的时，科学家们表示，这是为了让这些甲虫替代人类目前可能要负担的一些危险工作。

科学家们认为，大规模生产这种可控制的甲虫将会使人类受益匪浅。同时，由于在独角仙体内设置电极并不需要太高的精度，因此批量生产"可控甲虫"完全能够在短期内实现。据悉，这项研究工作得到了美国五角大楼下属的国防先进技术研究局的资助。这使得人们很容易联想到，该项技术很可能会被应用于军事目的。虽然科学家们并未否认这种可能性，但他们同时也强调，可控制的昆虫同样也可用于和平目的，例如进入那些人类不易或无法进入的区域执行勘探活动等。

以上报道虽然是仿生学应用的例子，但是涉及生物信息传送的问题，与我们讨论的问题是有关联的。面对市场和社会需要进行科技开发一直以来都是促进科学技术进步的一大动力。因此，很容易从网上获取这方面大量的信息。

英国《新科学家》周刊网站报道，随着纳米技术、生物技术以及无线通讯技术等领域的迅猛发展和交叉融合，现在，科学家们已经能够使用无线电信号来对细胞、药品甚至动物等进行控制了。尽管远程无线控制医学这一前沿领域可能面临着安全性等问题，但是，其发展潜力和蕴藏的好处都让人不容小觑。

美国纽约州立大学水牛城分校的阿诺德·普拉勒制造出的线虫看起来与其他蠕虫毫无二致，体长约为1毫米。在实验中，当普拉勒打开一个磁场，这些滑溜的、不断蠕动的蠕虫会停止动作，随后，在犹豫了片刻之后，接着开始向后退。然后，普拉勒将磁场关闭，再打开，一遍又一遍地重复这个动作，蠕虫会随着他的拍子跳舞，协调一致地前后移动。

这些都是可以进行远程控制的蠕虫。此前，普拉勒和同事已经将纳米大小的接收器植入线虫头部的神经细胞中。无论何时，只要该接收器探测到高频磁场，神经细胞就会通电，蠕虫也因此会转动。

普拉勒的远程控制蠕虫仅仅只是个开始。目前，生物学家们正在研究对其他宿主进行控制；也在研究将接收器植入离子通道、DNA片段和抗体中。他们的目标是使用比无线电更小的电波来控制活体细胞，以便在医学领域利用这些微电子技术。

这个方兴未艾的无线电远程医学技术融合了纳米技术、生物技术和无线电物理学技术，该领域目前正在为研究人员提供一个强大的研究工具，而且也在创造一类新科学：科学家们将其称为无线生物工程学或者电磁药理学。不管叫什么名字，该领域目前正吸引着很多科学家，而且，其应用潜力也非常大。

美国西北大学的物理学家贝纳尔多·巴尔别利尼-阿米德去年帮助美国国家科学基金会组织了一场与这个课题有关的研讨会。巴尔别利尼-阿米德指出，一个新的医学领域正慢慢向我们走来。很多疗法，包括基于免疫系统、基因甚至干细胞的疗法都有潜力被远程控制。

与传统药物需要经过几小时才会起作用而且会一直停留在身体里不同，使用无线方法激活的药物几乎能立刻起作用或者随时关闭。美国洛克菲勒大学的萨拉·史坦利表示："使用无线电场能诱导细胞提供具有治疗效果的蛋白质，而采用其他方法做到这一点的成本很高。"

他所在的研究团队也已经找到了使用无线电波来控制胰岛素的生产和释放的方法。我们甚至能够大胆设想：下一代用智能手机应用程序激活并起作用的药物距离我们并不遥远了。巴尔别利尼–阿米德说："纳米无线系统在医学治疗领域拥有巨大的应用潜力。"

这一预言所指的应用研究，作为非常前沿的科研课题在紧锣密鼓地开展。通过这些研究。有科学家得出了发人深省的结论，这就是"细胞自身或许就拥有无线机制"。

"遥控"体内细胞的电磁场

在现代物理疗法中，有一种是使用强大的磁场来作为治疗手段。例如，名叫经颅磁刺激（TMS)的技术通过诱导大脑内的电流来工作，鉴于其具有一定的疗效，使用该技术治疗抑郁症在美国已经获批。

但是，TMS并非一种十分精确的方法，目前很多科学家正在研发其他专门使用磁场进行疾病治疗的方式。2005年，加拿大蒙特利尔综合理工大学纳米机器人实验室的西尔万·马特尔就想出了一个点子：使用磁感应细菌来制造"迷你型"的药物递送系统。

马特尔的具体想法是，使用一种名为MC–1的菌株作为小拖船。MC–1会沿着地球磁场的磁力线游动——它们使用嵌入身体内名为磁小体的结构中的氧化铁粒子链来感应地球的磁场。马特尔解释道："每个磁小体就像一根指南针或者一个纳米导航系统。"

2007年，马特尔的团队将细菌同大小为其数倍的塑料小珠连接在一起，并且使用由一台MRI扫描仪产生的、由计算机控制的磁场证明：细菌会遵循精确的路线行进，并且将它们身上负载的东西铺展在特定的目标上。随后，该研究团队用像细胞一样的胶囊（脂质体）替换下这种塑料小珠子，接着，再让脂质体胶囊负载抗癌药物，该计算机控制的磁场能引导该脂质体胶囊通过血管到达肿瘤所在地。

科学家们已经使用这种方法，引导了很多同纳米尺度的磁体依附在一起的抗癌药物阿霉素通过一只实验老鼠的肝脏的动脉到达肿瘤处。科学家们认为，最新方法可以让健康的细胞尽量少暴露在强大的药物下，因此，在治疗时不良反应应该可以达到最低。马特尔团队目前正在研究如何使用这一方法治疗直肠癌。

科学家们表示，这一方法好处多多，电磁场或许可以通过操控身体内细胞的生物化学特性，从而直接干预身体内的这些内部细胞。这样的无线控制方法提供的精确度很少有药物能够做到。

2002年，美国麻省理工学院的约瑟夫·雅各布森领导的科研团队证明了这一点。在研究中，他们认识到，金属纳米粒子能够像天线一样从以无线电频率振动的磁场那儿吸收能量。这些能量可以被转化为热，而且，雅各布森还认为，这或许对触发细胞内部的生物化学变化非常有用。

随后，他和同事决定用DNA来测试这一想法。他们制造出了DNA片段，其中的碱基对相互依附在一起形成一个像束发夹一样的圆环。接下来，他们让一个个金纳米粒子依附到每个DNA片段上。当他们打开一个高频磁场时，来自于纳米粒子的热量会破坏这些碱基对之间的链接，而且，这个束发夹一样的圆环也会弹开。随后，他们将磁场关闭，分子冷却下来，链接也重新形成。这个循环能够一遍一遍地重复进行，而且雅各布森也表示，它或许会成为一个有用的工具，可以用它来控制基因的功能。

科学家们几个月前才开始关注这个开关并研究这个开关的应用前景（《科学》杂志第336期第604页）。由美国洛克菲勒大学的杰弗瑞·弗里德曼领导的科研团队制造出了经过遗传修改的细胞，在这些细胞中，由TRVP1通道释放出的钙离子触发了胰岛素的产生。接着，科学家们直接将铁纳米粒子添加到TRVP1通道内，并将细胞直接注射进入实验老鼠体内。当他们开启一个以无线电频率振动的磁场时，实验老鼠的血糖浓度下降，这意味着胰岛素已经生成并开始在老鼠体内起作用。

弗里德曼的团队甚至想出了方法让细胞制造出自己的铁纳米粒子，他们的方法就是赋予细胞合成铁蛋白（铁蛋白是一种将铁原子收集成簇的蛋白质）所必需的遗传机制。科学家们表示，他们也可以对这一方法稍作改变，用来远程触发诸如依靠钙离子的肌肉收缩等过程。它甚至可以用来处理大脑内的肿瘤，这里的肿瘤很难对付，因为血脑屏障让血液中的大分子无法进入大脑中。

史坦利表示，他们可以通过修改病人自己的干细胞，制造出一种对无线电信号作出反应的重组抗体，而且，他们也可以将其植入中央神经系统中以递送治疗抗体。普拉勒表示："很多无线控制方法都有望通过这种方法或者其他方法来实现，这很酷。"

细胞自身或许就拥有无线机制

要想对细胞进行无线控制，小磁铁可能并不是最好的接收器。据《科学美国人》杂志报道，早在2007年，美国加州大学伯克利分校的物理学家亚历克斯·策特尔就已经证明，纳米管完全可以作为无线电接收机来使用：可以被当作一个配备了放大器和谐调器的天线来使用。

为了制造出一个能对无线电波作出反应的纳米管，策特尔团队在该碳纳米管的尖端施加了一个电荷。当出现无线电波时，电荷会在管内制造出振动，这种振动能被转化回来成为一个振动的电磁信号。通过改变碳纳米管的长度可以改变其共振频率——策特尔发现，采用这种办法能让纳米管与特定的无线电频率保持一致。策特尔甚至也证明，他的碳纳米管无线电接收机能够通过播送沙滩小子乐队的歌曲"Good Vibrations"来重复产生传送信号。在纳米管接收器的音频输出那儿，很容易看到这种谐调。

策特尔宣称，纳米收音机可以被"轻松嵌入一个活细胞中，届时，科学家们可以制造出一个与大脑或肌肉功能接口装置，用无线电控制在血管中游动的器件也将不再只是梦想"。

然而，甚至纳米无线电接收机可能也并不是必需的。科学家们表示，细胞或许拥有自己的无线机制（图5-7）。2009年，法国免疫学家、2008年诺贝尔生理学或医学奖获得者之一的吕克·蒙塔尼断言，DNA分子可以使用无线电波来传送信息。他之所以做出这一判断，是因为他找到了从富含细菌的水中传来的无线电信号，而且即使当细胞被杀死时，只要它们的DNA完好无损，信号就会保持。

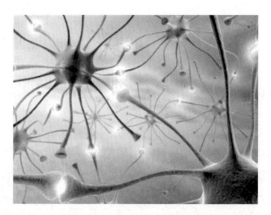

图5-7 细胞或许拥有无线机制

不过，很少有科学家接受这个观点。但是，美国西北大学的物理学家阿兰·维多姆计算出，这样的信号可能源于细菌染色体内的DNA环周围的电子，此前，科学家们就认为，循环的电荷能产生电磁波。维多姆指出，人们很早就知道，有些古老的细菌能够通过导电的纳米线将其同电网相连。维多姆预测道："那么，或许会有很多现代细菌会使用无线电来做事。"

DNA 分子如何"使用无线电波"传递信息

人类很早就非常非常想知道："我们是谁？我们从何处来？我们向何处去？"经过历代科学家和思想家的顽强努力，这个著名的人类三问，已经有了一个明确的答案，正在获得越来越多的人的认同：

"我们来自宇宙大爆炸时产生的基本粒子，我们是基本粒子自组装过程中走得最远的成员，我们将持续这个组装过程，向更深远的宇宙前进。"

有些人并不满足于这个答案，他们想知道这一切是如何发生的；或者说究竟发生了什么，会是今天这样的结果。简单地说，他们想知道过程，而不只是结果。

其中最大的疑惑是，生命是物质的吗？你怎样让人们相信，血肉之躯最终只不过是原子分子构成的？

幸运的是，科学家们带着这些疑问，用他们的大量持久的探索和实验，拿出了具有说服力的证据：我们确实是由分子构成的。科学家找到了物质与生命的桥梁：DNA分子，一种双螺旋结构的分子（图5-8）。这种结构被称为是"遗传密码"的载体。DNA，为英文 Deoxyribonucleic acid（脱氧核糖核酸）的缩写，又称去氧核糖核酸，是脱氧核糖核酸染色体的主要化学成分，同时也是组成基因的材料。

DNA本身并没有生命。用遗传学家理查德·莱旺顿的话来说，"它是'生命世界中最非电抗性的化学惰性分子'。这就是人们在谋杀案调查中能从干涸已久的血迹或精液中，以及能从古代尼安德特人骨骼中提取出DNA的原因。这也解释了为什么科学家花了如此长的一段时间才破译出这样一种看似无关紧要的、没有生命的神秘物质，在生命本身中却占据十分重要的地位。"

图 5-8　基因结构示意图

是的，DNA是连接无生命物质与生命的桥梁。这已经没有任何悬念。令人惊异的是，这些看似无生命的DNA，却藏着极为重要的信息：生命的遗传密码！

我们再来看遗传学家对基因的定义。

基因，也称为遗传因子，是指携带有遗传信息的DNA序列，是控制生物性状的基本遗传单位。基因通过指导蛋白质的合成来表达自己所携带的遗传信息，从而控制生物个体的性状表现。现代遗传学认为，基因是DNA分子上具有遗传效应的特定核苷酸序列的总称，是具有遗传效应的DNA分子片段。基因不仅可以通过复制把遗传信息传递给下一代，还可以使遗传信息得到表达，也就是使遗传信息以一定的方式反映到蛋白质的分子结构上，从而使其后代表现出与亲代相似的性状。

基因有两个特点：一是能忠实地复制自己，以保持生物的基本特征；二是基因能够"突变"，突变绝大多数会导致疾病，另外的一小部分是非致病突变。非致病突变给自然选择带来了原始材料，使生物可以在自然选择中被选择出最适合自然的个体。生物体内的遗传信息可以通过DNA在体内传递，但是自然选择中，当需要大批量淘汰一些种群时，传递如此重要的信息，靠个体之间的传递显然是不行的。这时就要启动动物体内的无线传递功能，以实现信息的"群发"。

因此，令我们最感兴趣的就是"细胞自身或许拥有无线机制"这一重要推论。

法国免疫学家、2008年诺贝尔生理学或医学奖获得者之一的吕克·蒙塔尼断言，"DNA分子可以使用无线电波来传送信息"，尽管很少有科学家接受这个观点。

科学家不会因为是诺贝尔奖得主的话，就言听计从。这很好，是科学态度。但我们还是要在这里宣称，这个猜测是对的。这当然不是因为这个猜测是由诺贝尔奖得主提出的就随声附和。我自己独立思考这个问题已经好多年，最近才读到的这篇报导恰好是本书讨论的所有问题的一个关键的注解。

我们来看吕克·蒙塔尼教授关于电磁波传递信息的实验。如图5-9所示，实验在A试管中放入DNA样本，在B试管内装入纯净水。然后对A、B

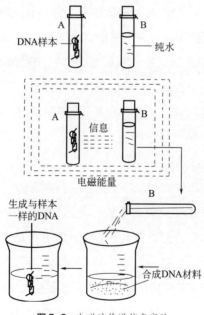

图5-9 电磁波传递信息实验

试管进行普通电磁波照射。另取一个烧杯，在其中放入能培养DNA的材料，然后将经过照射的装有纯净水的B试管里的水倒进烧杯，经过培养生长出与A试管中同样序列的DNA。试管是经过密封的，也没有直接接触。但经电磁波处理后，A试管中的DNA信息传递到了B试管，并在随后的烧杯中培养液中进行了转录，复制出新的同序列DNA。这确实是证明电磁波具有传递信息能力的有趣的实验。

光子是解开谜团的钥匙

现在，对于所有关于物质持久的可传递的自组装过程、世界复杂化的进程、心灵感应现象、动物及人类生育性别比例调节制机、种群数量的控制、脑电波及意识传送等等只有"神"才能做到的事，当我们重新定义已经发现的微观世界的行为模式时，我们发现这些奇特的现象都可以得到合理的解释：就物质层面，这个最基本的意识载体就是光子；对生物界，这个最基本遗传信息的载体就是DNA。而就宇宙本质而言，光子是一切物质自组装信息的最基本的载体。DNA的信息传递，正是通过光子来实现的。重要的是，光子本身早已经被证明是电磁波的载体和媒介。

以生育性别控制和种群数量控制为例，科学家可以像解剖昆虫一样非常精细地确定所有动物的生殖繁育系统，直到DNA的级别，可以确定它们在体内的互相作用和连接。无论是电子的还是离子的流动，都可以解读为这些体内信息传递的载体。但是，个体之间、种群内部，由个体接到某个指令而导致群体行为，这些信息是如何传递的？只能是生物电磁波的接收和发送。

我们不能设想这些存储在动物体内细胞中的信息的收集和传递是"口口相传"的。当然，特例是人类，夫妻之间可能有商定生男生女或拥有几个孩子。但是就人类总量而言，男女比例永远都在一个合理的范围，这是需要解释的。可以猜想人体内同样具有计数基因，并且精确到对男女比例的计数。这个计数信息收集系统在数据报警时所下达的指令不是启动致死基因（谢天谢地！），而是启动决定生男育女的流程。至于这种计数信息的读取和发送，只能是人体内的生物电磁波机制。人体之间有不通过大脑就自发传送的生物电磁波，这是生物进化过程中形成的本能，从单细胞动物到昆虫再到哺乳动物再到人类，全都具备。人们从昆虫身上已经证实了这种体系的存在，例如具计数功能的基因、致死基因等。在其他动物身上也一定会发现，只要循着这个思路去探寻，相信一定有结果。

旅鼠在数量超过预期时，会突然显得不安和焦躁，显然是收到大量个体发布出来的密集的信号，这是"自己是多余"的一种提示，要用牺牲自己来保留孩子们生存下去的空间。显然，谜一样的鲸的群体自杀，也是这种信息发布的结果。这种自杀式淘汰和减少数量的做法，本质上与昆虫的死亡基因是一样的。死亡基因的启动开关同样也是要接收到相应的指令才会闭合，而这些指令不是来自己体内的，而是统计后来自体外的。统计过程和结果的传递，如果没有无线传播模式，请问还有什么模式可以做到呢？

现代生物学早已经证实，生物的遗传信息可以保留在DNA内，存储在光子云中。而光子恰好也是一种电磁波，是可以发射和接收的。

我们如果固守无线电学的物理发射思想，需要有复杂的电子线路来实现发射和接收，要有能量的供给并产生足够强大的电磁波的模式，这就很难办了。这些传统的电磁波生成体系在人体内、在动物体内、在物质体内、在分子体内都是找不到的。跳出这种传统思维，就会发现在一定条件下，生物体也可以发射电磁波。这有可能是基于构成分子的原子中亚原子级粒子的放射性功能的一种物质本能。宇宙中充满了电磁辐射，核子也通过辐射发生衰变，那么类比一下，生物分子中的DNA更基本层级也会出现信息发射，吕克·蒙塔尼的实验，就是一个佐证。

我们可以这样推测：

元素中从铀开始，有了放射性，足见元素发射射线在一定条件下是一种本能。我们无法解析出这其中的"物理学的"或"无线电学"的发射机制。但我们由元素放射性的存在这个事实，可以得出除了这种我们已经了解的放射性，一定还有我们还没有了解的放射性。例如生物电磁信号的发射与接收。

流动电子在有磁场存在时可以产生电磁波，这就是一种发射，光子就更具有以光速发射的能力。我们没有侦测到这些发射波，不等于它们不存在。如果我们用一些创新的技术来侦测物质的所有发射，也许会发现一些新的现象。

因此，分子自组装信息也好，DNA遗传基因信息也好，所有物质信息（意识）的收集与传送，都无例外地采用了放射性模式，或者说电磁波模式。这种模式源于物质的本能，是宇宙大爆炸开始就具有的能力，其载体是光子。

如果我们将光子在分子结构中的地位与基因中DNA的地位作比较，就可以发现光子就是物质的"遗传基因"，光子本身在宇宙爆炸瞬间携带了前宇宙的组装态的"遗传信息"。这个信息很简单，就是"组装"。它不是进化的具体路径和方案，路径和方案是进化过程中演化出来的，一切因环境和条件的变化而变化，不停地组装，自然就趋向复杂和完美。复杂，极为复杂，显得无序，很乱，但是其实是简单的，有序的。这就是宇宙。靠信息的收集和传送来完善自己。不用借助神，完全就是物质自己的本能。

基本粒子通过组装持续进化的信息，来自于光子。光子是物质进化的基因，从电子到质子，再到原子、分子，物质一直由光子传递着进化的信息，向更复杂的形式组装，直到组装出细胞、出现生命。光子在细胞中保留了光敏感基因，导致眼睛被组装出来。这一切从来都没有停息，一直持续着。如果没有物质基因的传递，这一切就不可思议。但科学告诉我们，这一切是有原因的，那就是光子在传达组装指令中所起的重要作用。当然，物质组装出现了无数多的路径，一切因环境的改变而改变着。这样才出现了丰富多彩的世界。

这些物质组装过程中走得最远的一支是人类。人类还在继续组装过程中，还打算用人工智能制造出超人。即便是超人出现了，那也是物质组装的更高形式，也许是机器人，也许仍然是人类本身。人类自己会更完美，当然会借助机器人实现这种完美的过程。机器人在一定程度上会成为人类的帮手，带领我们走向更高境界。

06 第六章

关于光子是物质信息
传递载体的推想

光子——物质意识的载体

这是建立在宇宙大爆炸学说前提下的推想。

宇宙爆炸起源于一个奇点，至于这个奇点是哪里来的，人们暂时没有去做更多的研究。但是根据宇宙膨胀到某一个极限出现塌缩的推测，则宇宙会缩小为一个奇点。这个奇点包含着宇宙组装信息。随着它的再次爆炸，这些信息的"遗传基因"以光子的形式在新宇宙中散布，传达自组装信息。

光子是宇宙爆炸时最先产生的微粒。这些瞬间生成的最大量的碎片高速旋转，并随着冲击波洒向宇宙空间；爆炸后产生的微粒，开始几乎全是光子，强大的能量场让这些光子迅速转化出大量的正负电子，随着宇宙温度的下降，粒子相互碰撞吸引的概率上升，组装过程也就由此开启。在这里我们先记住，根据宇宙粒子密度值，科学家计算出1个核子对应有1亿至200亿个光子。这是极为惊人的量级，但是在浩瀚宇宙组装出宏伟星系世界（图6-1），这么大量的光子是必需的。

图6-1 宇宙中的星系

宇宙诞生之初，最初的元素，随着一个接着一个的碰撞，产生出来。抢占先机并拉住了最多微粒的是最简单的核子。每一个核子，只要拉住一个电子，它就先行暂时稳定下来，这就是氢元素的诞生。因此，氢是宇宙中最多的元素，占比在70%以上。一些有更大冲力的微粒，则继续聚集多一些的核子，一而二，二而三，直到在自己周围聚集七层电子，出现具放射性的元素，正如我们在第一章介绍元素周期表时就已经描述过的。这个过程始终都没有停止，一直在持续，直到出现生命、植物、动物和人类。

整个进化进程多彩而有序，显现出多元化和"什么都有可能"的总趋势，这个趋势就是"组装到更好"。但是实现更好的路径则有很多很多条。这不同的路径达至各自的"更好"所需要的时间是不一样的。这样，这种并行进化和发展的结果，使世界呈现出极为丰富多彩的模样。从无机物到有机物，从植物到动物，从细菌到昆虫，从一般灵长类动物到人类。

这些不会停下来并一代一代遗传着的进化是出于一种怎样的机制？这是人们始终关心和在探究的问题。几千年来，怀有这种"天问"的学者们创立了各种学说，以解释世界万物生生不息的理由，包括各种神话和宗教，都有它们的"创世纪"故事。但是，随着科学技术的快速进步和高速发展，在21世纪，人们最需要的是科学的世界观和对各种基本问题的科学解释。

特别是物质根据自组装原则进化的过程，需要依靠科学知识来解释。

物质趋向高级和复杂结构的过程，在生物界得到了比较广泛的共识，这就是达尔文根据环球考察得出的"生物进化论"。支持这一重要理论的基础是遗传学，是种子和基因，是生命信息信使。但是，对于无生命的物质，为什么也能够组装到更好（更复杂），这需要有解释。我们可以发现，能在所有物质中存在而又具有信息载体功能的基本粒子，是光子。

物质能持续通过组装而进化，是光子所承载的信息传达给基本粒子并持续组装的结果。

光子一直在物质进化的过程中起作用。而光子所具备的这个功能，则是在大爆炸的瞬间，从那个起点遗传并保留下来的全息的信息：持续自组装。只要有可能、有机遇，微粒就会去实现自组装。元素和自然由此形成。

由于光子的普遍存在，进化所需要不是物质本身，而是需要有适合物质进化的条件。

对于宇宙，就是适合的空间环境。

对于星系，就是适合的星间关系。

对于太阳系，就是地球与太阳适合的距离。

对于地球，就是随着地表温度的变化而在阳光下发生的聚合反应。

当然，还有地球在形成时所能捕获到的富集了几乎所有元素的团块和存储了氢和氧剧烈反应的产物：水。

这一切都这么自然地发生，却确实需要形成所有这些条件的时间和概率。从宇宙爆炸的上百亿年前到现在，微粒组装过程中走得最远的一支，出现在地球，地球是得天独厚的。我们甚至可以认为它是唯一的。因为中这种"特大奖"的概率确实太低太低了。不过宇宙也太大太大了。我们没有理由说在其他星系，没有地球这样的进化产物。我们希望在重新认识光子以后，有可能与这些类地星系建立起联系。

当你没有正确的联系方法时，你是不可能听到和看到它们的。如果它们存在，总有一天会有办法联系上。正如它们也许正在急于找到我们。原因很简明：自组装会持续，物质会向更高级的形式发展。希望更好，只要条件具备，就会更好。

更重要的是，光子不只担负着组装信息的承载，而且还参与到组装的结构当中，成为结构的成员，它经常化身为电子。我们知道电子是每个原子的最基本的构成要素。我们也知道电子的运动能够实现能量和信息的传送。

为什么光子具备这种属性，让我们可以更好地认识宇宙和自然？这绝不是神或上帝的意志，即使牛顿和爱因斯坦在不同场合提到过神和上帝，其实要表达的正是科学的"神奇"，只能用人们心中的神来赞美。他们自己的研究行为本身，才是对物质这种本能属性的最好的证明。今天的科学家们仍然在这样证明着。

爱因斯坦一直想从总体论上，从宏观上找到一个统一场，来解释物质所有这些奇妙的变化。因为越深入到基本粒子的内部，就越难以确定地观测到准确的个性化粒子。但它们的统计结果则是可测或者可定义的。自组装表现出来的随机性是因为实现组装的条件是随机的，而作为基本粒子，无论是重子、轻子还是介子，都在组装核子和构成物质中在发挥自组装的作用，它们所具备的自组装意识，都是来自于光子：一个在所有基本粒子中被归为另类的量子。定义光子这个属性，不影响光子在微观世界至今所扮演的所有角色，还解读了以前一直没有能够解开的谜团。

光子传递物质自组装信息并参加物质自组装过程。

这就是我的推测。

这种自组装的信息传递包括具网络化的反馈功能，特别是在形成生命物质后，这种功能得到增强，在形成神经系统后，不仅在个体内形成信息网，还在个体与群体间保留有基于自组织意识的信息通道。这种信息的传递，不受主观意识支持，从而保证群体总体调控的客观性。这种基于个体与群体之间的互联是我们以前所没有明确认识到的，只是注意到一些个体与群体间的奇怪现象而没有得到解读。现在随着对光子的这种功能的认识，有可能对一些未解之谜提出可供参考的合理解释。

我们在第 5 章已经解读了一些未解之谜。

量子纠缠

"量子纠缠"不是那么普及的一个词，但也时不时会从科技新闻中读到。它带有几分神秘并确实包含有未解之谜。

当我们推想光子是物质意识的载体后，量子纠缠的意义就清晰起来。

量子纠缠是理论物理学的一个非常重要的概念，是人类在发现元素周期律和放射性等微观基本粒子的奥妙后的新谜题。目前的大量研究仍然限于这种微观物理现象本身性质的论证和捕捉。但它确实包含着物质本质的更为重要的信息。即使再感到枯燥，也应该耐心读一点有关它的故事。

量子纠缠是指由两个或两个以上量子组成系统中相互影响的现象（图6-2）。它源于量子力学理论最著名的预测。这种预测描述了两个粒子即使相距遥远，一个粒子的行为将会影响另一个的状态。当其中一颗被操作（例如量子测量）而状态发生变化，另一颗也会即刻发生相应的状态变化。

量子纠缠

图6-2 量子纠缠

爱因斯坦将量子纠缠称为"鬼魅似的远距作用"（spooky action at a distance）。但这并不仅仅是个诡异的预测，而是已经在实验中观测到的真实存在的现象。现在更是成为当代量子物理学中最热门的实验课题，并且人们期望能将这种新发现的量子物理现象应用到现代通信领域，实现更高速而又非常保密的远距离通信。

科学家通过向两个处于室温的纠缠的小钻石发射激光，来激发远距离的对应光量子的反应。科学家希望能够建造量子计算机，利用粒子纠缠进行超高速计算。科学家对量子纠缠的兴趣大多数都建立在这种应用前景上。但是，实验发现，干涉量子纠缠的时候，量子纠缠态会立即消除，所以无法利用这种能力发送信号。

最新的进展，也是量子纠缠科学验证的一个首创而重要的实验，是我国于2016年8月16日凌晨成功发射的量子科学实验卫星。通过从太空向地球装置发射光量子，来验证量子纠缠和实现光子通信的可能。这也是在本书初稿完成的同一天发生的事情。人们更多地关注的是这项实验对通信技术带来的革命性发展。它具有瞬时、超保密、超大容量等众多可期待的优点。这当然是极为令人振奋的。

在本书即将付梓之际，经过整整一年的时间，发射的量子卫星实验取得了全面成功的科研成果。这信息一经发布，引起了世界科学界的极大关注。毫无疑问，我国在量子信息研究和应用方面，处在了世界领先地位。这是令人倍感欣慰的。

但是，这个实验所要验证的量子纠缠的更重要的意义是物质本质方面的。它被发现和被证实的意义就在它存在本身。当处在遥远另一处的光子对发出的纠缠有所反应时，物质信息的传递就已经实现了。这才是关键：物质具有远距离传递和接收信息的能力。这也是量子纠缠的最重要意义：它证明光子是有"意识"的。光子通过纠缠在传递信息，而不只是闹着玩。

玻姆教授的量子力学理论

从19世纪末到20世纪初，量子力学获得了快速发展，人们用它解决了许多经典理论不能解释的现象，大量的实验事实及实际应用也证明了量子力学是一个成功的物理理论。但是，关于量子力学的基本原理却存在不同的解释。

1952年，科学家玻姆教授在《物理学评论》上连续发表两篇文章，提出了量子力学的隐变量解释。玻姆认为，在量子世界中粒子仍然是沿着一条精确的连续轨迹运动的，只是这条轨迹不仅由通常的力来决定，而且还受到一种更微妙的量子势的影响。

戴维·约瑟夫·玻姆（David Joseph Bohm），1917年12月20日生于美国宾夕法尼亚州巴尔小镇；1992年10月12日卒于伦敦一家医院，享年74岁。作为一位卓越的量子物理学家，他不仅在主流研究（诸如等离子体物理学理论、金属理论、高能粒子理论以及AB效应等等）中作出其独特的贡献，而且更重要的是，在量子力学的基础研究中，他以严谨求实的科学态度，对量子力学理论中的一些观点提出了挑战。

图6-3 玻姆（1917～1992）

量子势由波函数产生，它通过提供关于整个环境的能动信息来引导粒子运动，正是它的存在导致了微观粒子不同于宏观物体的奇异的运动表现。玻姆理论最引人注目之处在于它对测量的处理。在这一理论中，量子系统的性质不只属于系统本身，它的演化既取决于系统，又取决于测量仪器。因此，关于隐变量的测量结果的统计分布将随实验装置的不同而不同。正是这个整体性特征，保证了玻姆的隐变量理论与量子力学（对于测量结果）具有完全相同的预测。

然而，它也导致了一个令人极不舒服的结果。根据玻姆理论的预言，尽管它为粒子找回了轨迹，但却是一条永远不可见的轨迹，理论中引入的隐变量——粒子的确定的位置和速度都是原则上不可测知的。人们永远无法知道粒子实际的运动轨迹，对它们的测量将总是产生与量子力学相一致的结果，也就是所谓"测不准原理"。而玻姆希望证明的是微观世界其实也有确定的结果。

此外，玻姆理论所假设的另一物理实在波函数同样是不可探测的隐变量，因为对单个粒子的物理测量一般只产生一个关于粒子性质的确定的结果。因此，对多光子纠缠态的制备和操控一直是量子信息领域的研究重点。世界上普遍利用晶体中的非线性过程来产生多光子纠缠态，其难度会随着光子数目的增加而呈指数增大。

"上帝不掷骰子"

量子力学自创立以来，众多的物理学家根据自己研究和思考，对量子力学的基本解释提出了自己的看法。这些看法归结起来，主要有三种：传统解释、系统解释和统计解释，这三种解释之间既有区别又有联系。

图6-4 爱因斯坦：上帝不掷骰子

传统解释出发点是量子假设，强调微观领域内每个原子过程或基元中存在着本质的不连续，其核心思想是玻尔的互补原理（并协原理），还接受了玻恩对状态函数的概率解释，并把这种概率理解为是同一个粒子在给定时刻出现在某处的概率密度。它展示的是量子的不确定性和测不准。

系统解释的代表是玻姆，这种解释试图通过构造各种隐变量来寻找量子力学的决定论基础，目的是在微观物理学领域内恢复决定论和严格因果性，消除经典世界同量子世界的划分界限，回到经典物理学的预设概念，建立物理世界的统一说明。

统计解释认为状态函数是对统计系统的描述，量子理论是关于系统的统计理论，这个系统是由全同（或相似的）制备的系统组成，不需要一个预先确定的动力学变量的集合，是一种最低限度的系统解释。

上面讲到三种观点之间，是既有联系又有区别，正是由于各方都坚持己见，才有了著名的爱因斯坦与玻尔之间的论战，量子纠缠才被爱因斯坦以一个悖论的疑问提出。量子纠缠由此而闻名。

爱因斯坦对哥本哈根派的量子理论的质疑被误解为爱因斯坦是反对量子论的，特别是他关于"上帝不掷骰子"的名言（图6-4），被引证为他确信决定论和经典物理的著名证据。这是对爱因斯坦的极大误解。

在南方周末网的上发表的乔治·马瑟的文章详细地解释了这个误解的缘由：

爱因斯坦和同时代的人都面临着一个严重的问题：量子现象是随机的，但量子理论不是；薛定谔方程百分之百地遵从决定论，这个方程使用所谓的"波函数"来描述一个粒子或是系统，这体现了粒子的波动本质，也解释了粒子群可能表现出的波动形状。方程可以完全确定地预言波函数的每个时刻，在许多方面，薛定谔方程比牛顿运动定律还要确定：它不会造成混乱，例如奇点（物理量变得无限大所以无法描述）或混沌（运动无法预测）。

棘手之处在于，薛定谔方程的确定性是波函数的确定性，但波函数不像粒子的位置和速度那样可以直接观测，它仅仅明确了哪些物理量是可以观测的，以及每个结果被观测到的可能性。量子理论并没有回答波函数到底是什么，以及是否可以把它当做真实存在的波动这样的问题。

所以，我们观察到的随机性是大自然的内在性质还是表面现象这一问题也有待解决。"人们说量子力学是非决定论的，但得出这个结论还为时过早。"瑞士日内瓦大学的哲学家克里斯蒂安·维特里希说。

另一位早期量子力学的先驱维尔纳·海森堡（Werner Heisenberg）把波函数想象成掩盖了某种物理实在的迷雾。如果靠波函数不能精确地找出某个粒子的位置，实际上是因为它并不位于任何地方。只有你观察粒子时，它才会存在于某处。波函数或许本来散开在巨大的空间中，但在进行观测的那个瞬间，它在某处突然坍缩成一个尖峰，于是粒子在此处出现。当你观察一个粒子时，它就不再表现出确定性，而是会"嘣"的一下突然跳到某个状态，就像是抢椅子游戏中一个孩子抢到了一个座位一样。没有什么定律可以支配坍缩，没有什么方程可以描述坍缩，它就那样发生了，仅此而已。

波函数的坍缩是哥本哈根诠释的核心，这个诠释由玻尔和他的研究所所在的城市命名，海森堡也在此处完成了他早期的大部分工作（讽刺的是，玻尔自己从来没有接受波函数坍缩的观点）。哥本哈根学派把观察到的随机性看作量子力学表面上的性质，而无法作出进一步解释。虽然爱因斯坦并不反对量子力学，但他肯定反对哥本哈根诠释。他不喜欢测量会使得连续演化的物理系统出现跳跃这种想法，这就是他开始质疑"上帝掷骰子"的背景。

爱因斯坦认为，波函数坍缩不可能是一种真实的过程。这要求某个瞬时的超距作用——某种神秘的机制——保证波函数的左右两侧都坍缩到同一个尖峰，甚至在没有施加外部作用的情况下。

不仅是爱因斯坦，同时代的每个物理学家都认为这样的过程是不可能的，因为这个过程将会超过光速，显然违背相对论。实际上，量子力学根本不给你自由掷骰子的机会，它给你成对的骰子，两个骰子的点数总是一样，即使你在维加斯（Vegas）掷一个骰子而另一个人在织女星（Vega）掷另一个。对于爱因斯坦来说，这明显意味着骰子中包含了某种隐藏的性质，可以提前修正它们的结果。但哥本哈根学派否定类似的东西存在，暗示骰子的确可以相隔遥远的空间而互相影响。这就是量子纠缠。

爱因斯坦认为，如果抓住哥本哈根学派未能解释的问题，就会发现量子随机就像物理学中其他所有类型的随机一样，是背后一些更加深刻过程的结果。爱因斯坦这样想：阳光中飞舞的微尘暴露了不可见的空气分子的复杂运动，而放射性原子核发射光子的过程与此类似。那么量子力学可能也只是一个粗略的理论，可以解释大自然基础构件的总体行为，但分辨率还不足以解释其中的个体。一个更加深刻、更加完备的理论，或许就能完全解释这种运动，而不引入任何神秘的"跳跃"。

从统计力学中获得的另一个启发是，我们观察到的物理量在更深的层次上不一定存在。比如说，一团气体有温度，而单个气体分子却没有。通过类比，爱因斯坦开始相信，一个"亚量子理论"（subquantum theory）与量子理论应该有显著的差别。他在1936年写道："毫无疑问，量子力学已经抓住了真理的美妙一角……但是，我不相信量子力学是寻找基本原理的出发点，正如人们不能从热力学（或者统计力学）出发去寻找力学的根基。"为了描述那个更深的层次，爱因斯坦试图寻找一个统一场理论，在这个理论中，粒子将从完全不像粒子的结构中导出。简而言之，传统观点误解了爱因斯坦，他并没有否定量子物理的随机性。他在试图解释随机性，而不是通过解释消除随机性。

在爱因斯坦之后，更多科学家投入到量子力学的研究领域，一些新的基本粒子观不断被提出，也一再被科学实验所证实。这个过程，在1965年初版、1973年再版的坂田昌一教授的《新基本粒子观对话》（三联书店）中有简明而又详实的介绍。包括杨振宁在内的各国物理科学家，都对量子力学的发展，作出了自己的贡献。当时，是否存在中微子，都还只是一种推测，随着中微子的被发现和捕捉，对量子纠缠的关注度增加；而随着量子纠缠的发现和证实，人们需要对世界的认识进行某种补充。

光子取代电子担任重要角色

电子通信自从诞生以来，成为人类信息交流的重要工具；国际互联网的建成，使这种功能达到了极致。互联网也叫信息高速公路，是让信息在全球畅通无阻的重要信息通道。不只是语音信息，大量的电子邮件、会议视频、网络电视、网络游戏、遥感医学成像等等，使信息量飞速增长，信息通道由此拥挤不堪。幸亏采用了光缆技术替代传统的金属导线，才使得信息的高速传送成为可能。即使是这样，网络交换器也开始负重运行，而海量的信息数据却完全没有减少的迹象。这使得信息中心变得非常脆弱，功能消耗也越来越大。这种状况令人堪忧。

如果通信网络出故障，即使是局部的也会带来混乱。特别是通信的中心网络，如果出现故障，有可能出现难以承受的灾难性后果。例如，1990年1月，美国纽约电信部门一个电话交换机出了故障，随后殃及整个电话网络，导致美国许多地区出现电话故障。在长达9个小时的抢修过程中，工程技术人员刚把这头的服务器修复，另一头的损坏的节点又让他们前功尽弃。结果是大量飞机航班取消或延误。很多企业当天只能放假。此后几年，美国等通信发达国家投入大量资金和人力研发更可靠的通信网络，以降低网络出现故障的风险。

尽管人们已经采用光传导电缆替代铜导线电缆，使信息传送量和速度都有了极大提高，但是，电子系统仍然是信息处理的物理基础。传播中的光载信息只有经路由器在信息中心还原为电子信息并加以处理后，才又经路由器分发往新的地址，再以光载信号在光缆中传送。显然，电子仍然是互联网通信中的主角。这使得信息中心的能量消耗有增无减，路由器产生的大量热量需要靠大型中央空调保证环境的低温度，以致制冷系统几乎占有信息中心一半以上的空间。同时需要大量紧急备用电源，以防止大规模停电给信息中心带来的灾难。只要使用电子信号模式，这种高功耗、高热量和对电能的依赖就无法避免。电子存储器的优点是可以在极小的芯片中存储大量信息，开发更大容量而又功耗很小的光存储器将是一个努力的方向。

困扰现代通信高速发展的另一个问题是信息安全问题。如此海量的信息在互联网上流转，窃取信息成为威胁用户的一大安全隐患。这种隐患不只是危及个人信息和财产，而且威胁到国家信息安全、金融安全和国防安全。构建既高速高效又安全保密的信息通道和信息中心，是现代通信的最大课题。完成这一课题的重任，仍然落在了光子身上。

光子通信与超距传送

量子纠缠原本是个理论物理学的问题。随着当代科学技术的进步，它从一个纯理论问题发展成为一个当代最前沿的科学研究课题，这就是实现光子通信。

我们来看以下的记录：

1997年，奥地利塞林格小组在室内首次完成了量子态隐形传输的原理性实验验证。

2000年，美国国家标准局在离子阱系统上实现了四离子的纠缠态。

2004年，合肥微尺度物质科学国家实验室量子物理与量子信息研究部的研究人员打破了这一纪录，在国际上首次成功实现五光子纠缠的操纵。

同年，奥地利塞林格小组利用多瑙河底的光纤信道，成功地将量子"超时空穿越"距离加大到600米。但由于光纤信道中的损耗和环境的干扰，量子态隐形传输的距离难以大幅度提高。

2005年中国科学技术大学潘建伟、彭承志等研究人员的小组在合肥创造了13公里的自由空间双向量子纠缠"拆分"、发送的世界纪录，同时验证了在外层空间与地球之间分发纠缠光子的可行性。

2005年底，美国国家标准局和奥地利因斯布鲁克小组分别宣布实现了六个和八个离子的纠缠态，并且一直保持着这个纪录。

2007年开始，中国科大—清华大学联合研究小组在北京架设了长达16公里的自由空间量子信道，并取得了一系列关键技术突破，最终在2009年成功实现了世界上最远距离的量子态隐形传输，证实了量子态隐形传输穿越大气层的可行性，为未来基于卫星中继的全球化量子通信网奠定了可靠基础。该成果已经发表在2010年6月1日出版的《自然》杂志子刊《自然·光子学》上，并引起了国际学术界的广泛关注。

2015年10月25日《荷兰科学家证实量子纠缠：物质远隔万里却相互作用》报道：荷兰代尔夫特理工大学的科学家们把两颗钻石分别放在代尔夫特理工大学校园内的两侧，距离1.3公里。每块钻石含有一个可以俘获的单个电子的微小空间，此空间具有一种称为"自旋"的磁性，然后用微波和激光能的脉冲来纠缠，并测量电子的"自旋"。校园的两侧设有探测器，两个电子之间的距离确保做测量的同时，信息无法以传统的方式交换。

以下有关量子纠缠的最新报道，可以说是此前所有努力的一个最新证明和总结：

新浪科技讯 北京时间2015年11月17日消息，据国外媒体报道，人们近日又一次证明，爱因斯坦至少在一件事上犯了错误。最近开展的一项实验显示，"幽灵般的超距作用"的确存在，并为其提供了具有说服力的证据。

爱因斯坦用这一概念描述量子力学，即组成物质和光的最小粒子具有的一系列奇特表现。更具体来说，他指代的是量子纠缠——这一概念认为，在量子力学中，一对亚原子粒子可以以一种看不见的形式，跨越时空，相互连接在一起。

这一理念让爱因斯坦深感冒犯，因为他认为，信息在空间中的两点之间的传递速度是不可能超过光速的。1964年，科学家约翰·斯图尔特·贝尔（John Stewart Bell）设计了一次实验，希望能够排除可以用来解释"超距作用"的隐变量。但在所有的"贝尔实验"中，都仍然存在漏洞，因此批评家认为，这些实验无法证明量子纠缠是实际存在的。

然而，在近期发表在期刊《Physical Review Letters》上的一篇论文中，研究人员给出了迄今为止最可靠的证据，证明量子纠缠的确存在。美国国家标准与技术研究院（NIST）的研究人员们制造了数对两两相同的光子，并将它们分别送往不同的地方进行观测。该研究团队成功堵住了此前贝尔实验中的三大"漏洞"，最终取得了卓越的实验成果。

2016年8月16日1时40分，我国在酒泉卫星发射中心用长征二号丁运载火箭成功将世界首颗量子科学实验卫星"墨子号"发射升空（图6-5）。这是进行"量子纠缠"常用化实验的新进展。这一新进展源于我国科学家在这个领域持续的努力。

图6-5 墨子号量子通信实验卫星

2009年12月，空间科学先导专项参加"战略性先导科技专项"实施方案评议会，并在16个建议专项中名列前三名。

2011年12月23日，量子科学实验卫星工程启动暨动员会在京召开，标志着量子科学实验卫星正式进入工程研制阶段。

2014年12月30日，量子科学实验卫星通过初样转正样阶段评审，正式转入正样研制阶段。

2015年12月6日，量子科学实验卫星系统与科学应用系统完成星地光学对接试验，验证了天地一体化实验系统能够满足科学目标的指标要求。

2016年2月25日，量子科学实验卫星工程完成大系统联试。

2016年8月16日，"墨子号"发射升空。

2016年11月9日，位于河北隆兴的观测站开展与"墨子号"的观测实验。

2017年1月18日，"墨子号"圆满完成了4个月的在轨测试任务，正式交付用户单位使用。中国科学技术大学、中科院微小卫星创新研究院、西安卫星测控中心、中科院国家空间科学中心等单位相关领导在交付使用证书上签字。

2017年6月，升空整整10个月之后，当地时间6月15日，《自然》杂志头版刊登：中国"墨子号"量子卫星首次实现上千公里量子纠缠，相较于此前144公里的最高量子传输距离记录，这次跨越意味着绝对安全的量子通信又进一步贴近了实用。此次接收量子信号的两个地面站分别是青海德令哈站和云南丽江高美古站，两地相距1203公里，卫星的工作高度约为500公里。

2017年8月10日，在"墨子号"发射一周年之际，我国科学家向世界宣布"墨子号"圆满完成了三大科学实验任务：量子纠缠分发、量子密钥分发、量子隐形传态，从而为量子通信进入实用阶段迈出了重要的第一步。

目前所进行的量子纠缠实验，两台探测器之间所隔距离需要光速运行几百纳秒时间，但最终测量结果比光速通讯还快了40纳秒，说明超光速通讯是可能存在的。由于探测器配置是由处于光子源之外的随机数产生器进行的，因此这种实验杜绝了人为操纵的可能性。

量子卫星的发射成功，将这种超距和无人操控实验的水平提升到一个更高的水平。量子卫星实验的主要科学目标是借助在太空的卫星平台，进行星地高速量子密钥分发实验，并在此基础上进行广域量子密钥网络实验，以期在空间量子通信实用化方面取得重大突破；在空间尺度进行量子纠缠分发和量子隐形传态实验，开展空间尺度量子力学完备性检验的实验研究。现在，这一研究已经取得良好的科研成果，在世界处于领先地位。

这一研究的成功，对实现量子通信意义重大。但是，在科学家看来，这些研究的理论意义比实用价值更为重要。因为这些研究有可能解开人们一直心存的困惑。

这些研究本身所代表的揭示物质结构深层次上问题的意义是不可否认的，实际应用的成果将有利于从基本理论和哲学的角度去做深入的解读。

如果我们将量子纠缠理解为高速安全信息传递的一种方式，很多曾经的谜团将会迎刃而解。

例如关于生物信息的超距传递，进一步关于物质自组装信息在分子间的传递等等，都有了从科学角度加以解读的可能。

没有绝对超距概念。如果爱因斯坦关于光速就是宇宙速度的极限是成立的，超光速或超距的思想与宇宙膨胀的理论就有冲突。承认超距等于认为无限空间先于宇宙大爆炸存在，爆炸产生的宇宙（基本粒子）是在膨胀中填充宇宙空间。这也等于不承认时间座标，超距本质上是没有速度，瞬间即达或充满的，这显然与宇宙膨胀是相抵触的。

但是，超光速则有可能存在，从这个角度，可以认为有时可以做到超距传送，其实是以光速的倍数进行的传送。超光速不等于超距，只是比光速更快的速度，但还是有度量的。当出现超光速时，这时速度的单位是"光速/秒"（C/s），即光速的整倍数的速度（因此才有 C^2，$E = MC^2$）。不会出现比30万公里/秒任意增大若干公里的现象。这是宇宙中在某种电磁环境下可能会出现的局部超光速现象，可以预见，会有科学实验（特别是量子纠缠实验）进一步证实这种猜测。

为什么取名"墨子号"

墨子是中国古代著名思想家、政治家（图6-6），春秋末战国初期鲁国人，生卒年约为前468～前376年。他提出了"兼爱""非攻""尚贤""尚同""天志""明鬼""非命""非乐""节葬""节用""交相利"等观点，创立墨家学说，并有《墨子》一书传世。

图6-6 墨子

墨子认为，宇宙是一个连续的整体，个体或局部都是由这个统一的整体分出来的，都是这个统一整体的组成部分。换句话说，也就是整体包含着个体，整体又是由个体所构成，整体与个体之间有着必然的有机联系。从这一连续的宇宙观出发，墨子进而建立了关于时空的理论。他把时间定名为"久"，把空间定名为"宇"，并给出了"久"和"宇"的定义，即"久"为包括古今旦暮的一切时间，"宇"为包括东西中南北的一切空间，时间和空间都是连续不间断的。在给出了时空的定义之后，墨子又进一步论述了时空有限还是无限的问题。他认为，时空既是有穷的，又是无穷的。对于整体来说，时空是无穷的，而对于部分来说，时空则是有穷的。他还指出，连续的时空是由时空元所组成。他把时空元定义为"始"和"端"，"始"是时间中不可再分割的最小单位，"端"是空间中不可再分割的最小单位。这样就形成了时空是连续无穷的，这连续无穷的时空又是由最小的单元所构成，在无穷中包含着有穷，在连续中包含着不连续的时空理论。

除了宇宙观，墨子在其著作中对当时已经流行的铜镜所引起的一系列光学现象也有独到的研究，可以说是世界上最早有记载的光学研究文献。在墨子的《经下》及《经说下》中各有8条关于光学的记载（如光影关系、小孔成像等），被研究者称为《墨子》光学八条。墨子的光学成就涉及物影生成、小孔成像（影）、光线反射、反射（平面、凹面）镜成像现象等许多方面，其思想非常丰富与深刻，可以说几乎包容了近代几何光学的各个领域。

量子卫星首席科学家潘建伟院士说，墨子最早提出光线沿直线传播，设计了小孔成像实验，奠定了光通信、量子通信的基础。以中国古代伟大科学家的名字命名量子卫星，将提升我们的文化自信。

07

第七章

**光子新推想理论的
应用**

"光子是物质意识载体"这一推想，涉及宇宙起源和物质进化、信息传播、通信技术、生命科学和医学、理论物理学、生物电化学等诸多领域和方面的课题，具有重要的理论意义和应用价值，解答了这些相关领域中没有能够明确回答的一些问题或困惑。同时，对开展上述所有领域和学科的新探索和研究是有启发意义的。我们将在后面列举一些具体可能的路径，并期待有人跟进去做深入的探索，从而获得支持这个推想的新的科学证据。

物质结构

在物质结构方面，光子新功能的推想，是在现代核物理所有基本粒子观基础上，对光子的量子属性做了符合它理应承担的角色的解释，从而对理解超光速、量子纠缠、电磁波等诸多方面还存在的一些疑问提出新的答案。

光子在现代量子物理中本来就具有独特地位，扮演着独特的角色。为什么会是这样？没有人做出解释。它有许多"唯一"：运动速度是唯一的，并且是速度极限；是唯一没有静止质量的基本粒子，静止质量为零，但却具有能量，有光电效应，是一种能量子；并且也被认为是唯一没有同种同类粒子，在基本粒子分类表中是唯一单独一栏的基本粒子；也是唯一没有"反粒子"的粒子。

而光子作为电磁波，传播信息是它本来就有的性能。物质自组装意识作为一种信息在光子中驻留并没有改变光子的这种基本性质，就如基因是DNA中的驻留物一样。这种推想丰富了物质结构的内容。

宇宙观

在宇宙观方面，光子传递自组装意识推想是建立在宇宙大爆炸的理论基础之上的。宇宙是不断膨胀的，光子一直在以光速扩展整个宇宙空间。因此光子承载的意识，就随着宇宙的膨胀而散布在宇宙中。因此，宇宙也是基本粒子组装的产物。

超距的思想与宇宙膨胀的理论有冲突，承认超距等于认为无限空间先于宇宙大爆炸存在，爆炸产生的宇宙（基本粒子）是在膨胀中填充宇宙空间。这也等于不承认时间坐标，超距本质上是没有速度，瞬间即达或充满的，这显然与宇宙膨胀是相抵触的。因此，光速极限是宇宙诞生时就出现的一种边界的量度，这个边界是无限的，随着时间按光速扩展。光一直运动下去，宇宙就一直扩展，这与无穷大的数学概念是对应的。宇宙是无穷大的，没有边界。随着光的运动不停地扩张中，这种扩张是多维的，全方位的，超距只是相对的概念，是立即达到的一种理解。只要光在走，宇宙就在扩张中。因此，也只有光子具有超距的功能。在这个概念上说光速是极限，是对的。

超光速

至于超光速，在一定前提下也是成立的。只是比光速更快的速度，但还是有度量的。当出现超光速时，这时速度的单位是"光速/秒"（C/s），即光速的整倍数的速度，不会出现比30万千米/每秒任意增大若干千米的现象。这是宇宙中在某种电磁环境下可能会出现的局部超光速现象，可以预见，会有科学实验（特别是量子纠缠实验）进一步证实这种猜测。

人们希望量子通信有比电子通信更快的速度，就要寄希望于超光速，否则光通信快过电子通信在传统光速极限理论体系中是不成立的。因为电子运动的速度是接近光速的。目前风行全球的网络和手机通信已经是在光速极限内的通信，因此，量子通信一定是超光速通信。而这种超越不是在原光速上的算术增长，只有几何增长（C^2或者C^n）才有意义。量子纠缠所表现的"超距作用"，实质上是数倍光速的传递，这在人类目前测试体系中，将是"超距"的。

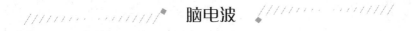

脑电波

脑电波被证明是电磁波，而光子是电磁波的载体。这就为脑电波的传递和感应建立了坚实的物质基础。从科学实验的角度，可以从两个方面进行实验装置的改进。

一是接收装置，改变电极传感器模式，采用接收天线模式。如果脑波是电磁波，就有发射的可能，而电磁波是用天线接收的；采用电极接收的信号，只是间接的脑电信号。与电极相连接的脑电图波谱仪的工作原理与接收电磁波的装置是不同的。

另一方面就是对测试装置（整机）的改进。当采用天线接收信号时，电磁波的放大和处理器会与传统的设备不同，由于脑波是极微弱的甚低频电磁波，要求装备有极高的灵敏度的同时，还要对极低的频率响应，这可能超出现有所有电子接收装备工程技术人员的经验。但是就这个领域的技术先进程度而言，实现这种极高灵敏度的甚低频接收装置并不是太难的课题。由于此前没有人做过，因此，一旦着手进行这方面的尝试，将会有所斩获。

与此相关的另一个可能，是在目前侦测宇宙太空的"外星信号"时，人们可能没有考虑过生物电磁波的频段，因此，如果人脑电磁波解读装置研制成功，则太空生物波的侦测就多了一个装备，这对"UFO"迷和外星人迷应该是一种新的兴奋点。极低频电磁波的波长也可以解读为"超距"，它与极短波长的微波表现为"直线"传播有既类似又不同的特点。因为这将是真正的"直线"传播，但却并没有高频振动的干扰。研制能接收这种波形特征的电磁波的装置，是开创性的工作。因为人们早已经将中、长波通信抛在了脑后，而一直沿着超短波和甚高频方向发展，现在是回头看一下的时候了。

生物电化学

目前权威的生物电化学理论是建立在生物体电解质溶液理论基础上的。细胞内外被认为是处在电解质溶液中的两个电极，从而可以测到膜电位。电化学中的能斯特（电极电位）方程在生物电化学中同样有效。各种电位概念也在生物电化学中建立了起来。我们从血液和汗水是咸的也可以知道，人体就是一个复杂的电解池，人体内带电物质的流动是电解质溶液的流动。相应地，人体内信息的传递也都是以电解质溶液为载体的。

人体内除了血液、细胞液，还有一个独立的神经网络。信息是由这个系统传送的，目前对神经电流的表述，同样是借助生物电化学理论，仍然是用触头电位等电化学概念来解析信息流的传递。这与我们假设人体脑波为电磁波的说法是有冲突的。电流在电解质溶液中传递的速度受电解质离子迁移速度的限制，这种传递速度难以满足人类信息接收（视觉、触觉、听觉）和神经反应速度的要求。因此，人体（或更广义地说动物体，或生物体）的信息传递应该有其他模式，这就是光子在人体参与信息传导。当然这用电解质理论的电位侦测是不可能侦测到的，应该研究新的信息寻获体系，收集类似于电磁波或光子的传送信号。毕竟光子是比电子更普遍地存在于物质的最基本的结构中，就如基因之于DNA。因此，光子在物质中有极大的存留环境和空间。这可以引导我们开发新的针对生物信息的读取装置，也就是针对生物电磁波的读取装置。与现在流行使用的电极电位测定然后转换为电流信号的装置相比，这是基于不同原理的装置。

一旦我们从生物体内侦测到电磁波或光子信号，就是对光子是物质信息传递基因的推想的最好证实。这方面已经有了一些进展，如果在这一思路的指引下，在测试装备方面做进一步创新，有望取得新的突破。

光子生物学

有心的读者一定会注意到本书的前几章没有在任何一节来专门讨论"光子生物学"或者"生物光子学"或"生物光学"，而只是对"光遗传学"这一课题作了介绍。这是因为此前已经建立的"光子生物学"概念及其应用研究，仍然属于传统生物学或医学领域，或者是光学领域（包括红外、激光等）介入生物学或医学领域的一些并不被普遍认可的应用。

例如早在二十世纪八十年代初，就有人以"光子生物学"为课题进行了研究。由于只是将人体皮肤表面的温度信息改由光子接收器解读，从而获取了"极微弱"的光子信号。我们不能说这不是光子生物学，并且这种探索精神也是非常可贵的。但是，限于当时科技发展的水平，这种研究过于肤浅，只是对皮肤表面的温度发射转换为光子读取。此后虽然一再有人在"生物极微弱光子信号"这个领域探索，但是都没有超出获取体表热效应产生的光子流的范围，因而一直没有进展，也没有引起更多的关注。

还有利用远红外光照皮肤或关节等用于理疗的产品，也被冠以"生物光学"的标签。而最新的产品则有美国开发的"生物光子扫描仪"。这是基于"诺曼共振光谱法"的光学技术而开发的一种专利产品，用光学信号测量皮肤的类胡萝卜素含量，得到身体防御指数，从而判断身体的健康及饮食生活状况的高科技仪器。但是，这些与我们讨论的光子生物学效应是完全不同的概念。

将利用光学原理或装置对生物体进行干预称为"光子生物学"，无可厚非。但是，在我们对光子的本质做了全面的了解之后，结合现代科学技术的最新进展，对光子生物学的认识就完全不同了。因此，需要根据最新的认知和技术来开展光子生物学方面的研究，这方面一个很好的例子就是光遗传学。不可否认，光遗传只是光子生物学的一个分支。但是，却是已经取得进展并有所发展的一个重要分支。我们希望以此为基础，推动光子生物学的全面发展。这将是一个极为有意义的新学科领域。

我们在本书第二章已经对光遗传学做了介绍。这是利用光子技术对细胞进行干预的一种新的生物工程技术。这项技术是神经生物学研究的重要突破，利用该技术开展的基础研究，将对人类脑功能的认识产生深远的影响。如果病毒载体基因导入在人体被证实是安全的，光遗传学技术将来有可能被用于多种神经/精神疾病，如帕金森氏病、阿尔茨海默病、脊髓损伤、精神分裂症等的治疗。

光遗传学技术还可以与其他神经生物学研究工具有机结合，如功能性磁共振造影（fMRI），提高研究结果的准确性。

更重要的是，这项技术启发我们可以就基因中的光子信息进行探究，如果能找到光信息逆向传导机制，即不是从外界以光子向细胞进行调控，而是从细胞、基因获取光子信息，也就是说利用"光子开关"的来读取来自生物"原子"的"生物光子"（biophoton）信息，将对光子的信使作用是一个最好的证明。这涉及光子开关的可逆操作，或者是新的光子传感器的开发。由于这已经是被证实和认可的光子生物学分支，即使不能接受本书的推论和猜测，也是可以独立发展的领域，因而极有科研和实用价值。

智能机器人

机器人涉及人工智能，涉及对人脑的认识。

在人工智能的开发方面，曾经流行过符号主义（又称为逻辑主义）的计算机学派（Computerism），它源于数学逻辑，发端于19世纪，也是最先提出人工智能的学派。随后有仿生学派（Bionicsism）出现，认为人工智能源于仿生学，特别是人脑模型的研究。代表性成果是1943年由生理学家麦卡洛克和数理逻辑学家皮茨创立的脑模型，开创了用电子装置模仿人脑的新路子。随着控制论的发展，这一理论也开始应用于人工智能，在二十世纪八十年代诞生了智能控制和智能机器人系统。随着云计算概念的提出，现代智能机器人的研究进入了一个新阶段。甚至有人认为人类开始进入了机器人时代（劳动力成本升高和人力资源紧缺的催化作用）。

当前一个重要的新方向是生物机器人的研究，即在应用上要有新的思路和突破。对人脑电波的信息的研究，将会使人脑所具优越性引入到人工智能领域。

神经元传递神经脉冲的速度并不高，其反应时间为 10^{-4}~10^{-2}s，这比晶体管的反应时间（10^{-8}~10^{-9}s）要慢得多（需要提醒的是：这是用电位法测得的间接脑波）。但是人脑约有一百四十亿个神经元，就以每小时有1000个神经元发生故障计算，对于一个活80岁的人来说，损失的神经元也只占总数的8%左右（有人认为可能是30%~40%），也就是说人脑仍然有大量的神经元足以保证正常工作。人脑的神经元是并联工作的，所以它的冗余度很大。这样一来，虽然人的神经系统的每一个神经元并不很可靠，但是整个神经系统的工作是十分可靠的。

人脑的重量约为 9 两左右，体积约为 $1500cm^3$，但记忆的信息可达 10^{15} 比特。人脑的信息密度可高达 10^{12} 比特 $/cm^3$，这比目前的超导材料存储的信息的密度高百万倍。而人脑的功率消耗只不过几瓦而已。基于人脑的这些特点，结合对人脑信息载体的认识，开发模拟人脑的仿生神经元系统的路径，是可行的。

光子通信

人们非常关注光子在现代通信中的应用，这既是可以理解的，也是可以期待的。

因为所有这些期待都有确定的物理学的理论和实验的支持。首先，光子与电子之间的角色转换是极有意义的，这进一步证明光子在物质结构中所扮演的双重角色的重要性。

在本质上，光子与电子有极为密切的关联。

从物理属性上看，光子没有自旋，电子有自旋；光子没质量，电子有质量；但是，电子与正电子相遇时将湮灭而转化为光子，即转化为电磁波；反之，在核场中光子的能量足够大时，也可以转化为正负电子对。电子与正电子都是实物，而光子却是电磁波。

从微观物理的角度考察：电子是费米子，带基本电荷，具有空间局域性。它可以是信息的载体，也可以是能量的载体。作为信息载体时，可以通过金属导线进行传递。电载信息的主要储存方式为磁储存。微电子技术发展了电子计算机，其信息处理的速度受到了电子开关极限时间

10^{-10} s 的限制，和大规模集成电路密集度水平以及并行技术的制约。20世纪信息技术的进步已经充分挖掘并几乎穷尽了电子的潜力。虽然微电子技术的进一步完善，尚可提高芯片信号运作的速度，有望把计算机运算速度再提高（用大规模并行技术），然而电子本身的运动特性及其所产生的电磁场频率极限，制约了它在信息领域功能的进一步发展。电子作为能量的载体时，高能电子束可以让物质改性，可以高温热加工，但要求真空环境。并且，它的德布罗意波长极限使它难以胜任超精细的工作。

光子是玻色子，电中性，没有空间局域性而具有时间可逆性。它可以是信息的载体，也可以是能量的载体。作为信息载体时，可以通过光纤（光缆）或自由空间进行传递，光载信息的主要存储方式为光储存。光子技术将发展起光子计算机，其光子逻辑或智能运算的信息处理速度将受到光子开关极限时间 10^{-14}s 的限制，和光子集成光路密集度水平以及并行技术的制约。这些制约都远较电子技术所受制约宽松。光子作为能量的载体时（只有光子简并度极高的激光束才能实现），高能激光束可以让物质改性，可以高温热加工，甚至有望导致核聚变。由于激光波长比电子波长短很多，因而可以胜任非常精细的工作。

仅就信息属性而言，光子技术较电子技术有着明显的优势：光子开关的速度极限较电子开关速度极限高出4个量级以上，光子信息可以作高密通道交互传输及并行处理；光频载波要比微波频率高出4个量级，可荷载信息量自然高得多；光束的实用调制方式较多，能够采用密集的波分复用技术、频分复用技术以及时分复用技术。光子存储的平面密度不仅大大高于磁存储，而且还能发展空间维、时间维、光谱维及体全息等存储方式。单体存储容量可望达到TB量级。这是磁存储技术无法比拟的；光子集成包括器件集成和功能集成。光子集成度远比电子集成度高。

单量子点激光器可以做到 $0.1\mu m$。有人认为，光子技术将会在全光通讯和光子计算机上取得突破：实现传码率为TB/s量级的全光通信；即使非并行的单机"光脑"运算速度都可超过 10^{12} 次/秒。

光敏感新材料

单就光敏感现象的应用而言，照相机胶卷是广为人知的例子。至于光敏电阻等光传感器的应用，就属于比较专业的领域。在光子的信息载体身份被确认后，新一代光敏材料的开发和光敏信息的应用就成为一个非常值得关注的领域。

2016年诺贝尔化学奖得主之一的费林加于2017年10月出任华东理工大学费林加诺贝尔奖科学家联合研究中心处主任，每年来沪工作。他将带领团队研发光刺激响应性材料和自修复材料。他说："我们在研发光刺激响应性材料，它像眼睛一样，能对光的变化作出性能响应。""我们还在研发自修复材料，希望它像人体组织那样，能自我修复。"这些智能材料在医疗、电子、节能等领域，有广泛的应用前景。费林加正是因为在"设计并合成分子机器"领域做出重要贡献而得诺奖的。他的这种新关注将会促进光敏感新材料的开发和应用，有利于在更深层次解读光子信息。

美国达特茅斯学院的研究人员为可见光通讯（visible light communication，VLC）赋予全新的功能，将传送的数据编码成一种人眼无法察觉但可经由光电二极管侦测的超短频率脉冲，使得可见光也可以在光线暗淡或黑暗的环境中传送数据。

可见光作为信息传递媒介有着悠久的历史。古代达到工程级别的可见光传递信息典型例子是烽火台，利用火光将敌军侵略等信息从边关一直传递到内地行政中心。而近代的航海灯光语信息交流则已经是一种普遍的光信号利用模式。电灯发明以后，电灯光成为可见光信号的重要光源，包括手电光都是人们可以利用的信号发送工具。

但是这种光信号传递都是建立在"可见"这个基础上的，这样就受到距离和光强度的限制。不仅如此，可见光的利用还受到人眼解读光源能力的限制。例如我们日常使用的电灯光，在人眼看来是光的持续发射，但实际上它们是以一定频率发射的，最常用的频率是一般电器标识上能读到的50Hz（赫兹）。也就是说经过电灯丝的交流电流是以每秒变换50次方向而做功的。这种变换就是有名的正弦波（参见本书图3-8）。也就是说，实际上流经灯丝的电流的大小强弱是在随时间反复变化的，从正向电流到零再到负向电流再回到零，重回正向电流，如此反复，每秒钟变换50次，灯丝也会因此而时亮时灭地闪烁。但是人眼看不到这种变换过程，同时由于人眼存在"视觉暂留"现象，就将实际上闪烁的灯光看成持续的光源了。

感光装置却可以敏感地"感觉"到这种变换。这就是光敏器件产生的原因。光敏器件的应用，使我们可以像利用电脉冲一样利用光脉冲，也就是调制光的频率可以作为信号编码的模式，这样可以产生的信息量比我们人工使用灯光的一闪一灭的简单编码要丰富得多，从而出现一种新的可见光通讯（VLC）模式。

最新的可见光通讯实际上已经不是在传统意义的"可见"上做文章，而是在弱光甚至是"黑光"的状态下，也能传递光载信息。

随着光电技术的进步和发展，新的发光材料和光敏材料相继被开发出来，利用新光源和光敏材料来开发光信息新传递模式就比较现实了。例如，研究人员利用现成可用的低成本LED与光电二极管，设计出一种新颖的数据编码与LED驱动机制。以LED灯光为信号源，通过有效的驱动电路，以极快的反应速度（仅几纳秒），将低成本光电二极管的通讯距离进行扩展。这种LED光可以弱到人眼感觉不到的程度。但通过光敏材料传感器可以接收到这种光信号，从而实现不需要光导纤维的光信号传送，重现可见光的直观传递模式。

研究人员将这项人眼不可见的VLC计划称为"Dark Light"，我们可以将其译为"黑光"。它可实现每秒1.6千比特的数据传送率，同时可以大幅度降低LED的功耗，例如从19.8W大幅降低至0.104W。而且，研究人员采用的是500ns（纳秒）光脉冲以及仅0.007%的LED工作周期，使得Dark

Light LED几乎和"关断"状态的LED没什么区别。也就是说在极低的功耗下或者说在接近关断的情况下，仍然可以传送光载信号。

这种"黑光"技术是以LED灯脉冲来编码，是一种以光信号来实现的一种类似于"莫尔斯电码"的信号传送模式。由于可以实现低功率和以人眼无法觉察到的光强度下的传送，因而也具备了保密功能。也就是说在黑暗环境中也可以用这种LED光传送信息。

这项新技术将人们熟悉的电脉冲概念应用到光脉冲中，而光脉冲的传递是不需要媒介的，不像电脉冲需要导线。这也正是光的电磁波性质的扩展，将其扩展到可见光的领域，从而具有重要意义，在有些需要建立无线通信而又对多信号源干扰敏感的场合，使用VLC通信可以不产生这种干扰而达到信息传递的目的。例如医院手术室、飞机、航天器等。光信号不会产生像电信号那样对电子系统产生影响的电磁干扰，从而实现安全、保密的通信，是一种干净的信号源，对于组建特殊场合的局域网是很适合的。它不是对现代通信技术的替代方案，而是一种补充和拓展。

08 第八章

光子与暗物质关系
的科学遐想

暗物质与暗能量

　　我们在前面介绍过，光子的数量与核子的比是1亿至200亿与1之比。这个"宇宙数字"告诉我们，从宇宙开始爆炸到今天，光子充满了所有宇宙空间。但是，现代天文学通过引力透镜、宇宙中大尺度结构形成、天文观测和膨胀宇宙论研究表明：宇宙可能由约4.9%的重子物质、26.8%暗物质和68.3%的暗能量组成。于是科学家以大量的精力和资源投入到了寻找暗物质和暗能量的研究当中。

　　1915年，爱因斯坦根据他的相对论得出推论：宇宙的形状取决于宇宙质量的多少。他认为：宇宙是有限封闭的。如果是这样，宇宙中物质的平均密度必须达到每立方厘米5×10^{-30}克。但是，迄今可观测到的宇宙的密度，却不到这个值的百分之一。也就是说，宇宙中的大多数物质"失踪"了，科学家将这种"失踪"的物质叫"暗物质"。

　　最早提出证据并推断暗物质存在的是20世纪30年代荷兰科学家简·奥特与美国加州理工学院的瑞士天文学家弗里兹·扎维奇等人。1932年，弗里兹·扎维奇最早提出证据并推断暗物质的存在，他观测螺旋星系旋转速度时，发现星系外侧的旋转速度较牛顿重力预期的快，故推测必有数量庞大的质能拉住星系外侧组成，以使其不致因过大的离心力而脱离星系。弗里兹·扎维奇发现，大型星系团中的星系具有极高的运动速度，除非星系团的质量是根据其中恒星数量计算所得到的值的100倍以上，否则星系团根本无法束缚住这些星系。

　　1998年，美国两个Ia型超新星（SNeIa）小组发现宇宙在加速膨胀，从而证明宇宙中可能确实存在人们还不清楚的组分——暗能量。这一成果被美国《科学》杂志选为当年的世界十大科技进展之首。

2003年，Wilkinson微波背景各向异性探测器（WMAP）、Sloan数字巡天（SDSS）天文观测和SNela的更大样本都再一次强有力地支持了一个以暗能量、暗物质为主的暴胀宇宙模型。其暗能量占宇宙物质总能量的2/3。暗能量具有负压，在宇宙空间几乎均匀地分布，不具备实体物质的已知性质。

暗物质促成了宇宙结构的形成，如果没有暗物质就不会形成星系、恒星和行星，更谈不上今天的人类了。宇宙尽管在极大的尺度上表现出均匀和各向同性，但是在小一些的尺度上则存在着恒星、星系、星系团以及星系群。而在大尺度上能够促使物质运动的力就只有引力了。但是均匀分布的物质不会产生引力，因此今天所有的宇宙结构必然源自于宇宙极早期物质分布的微小涨落，而这些涨落会在宇宙微波背景（CMB）中留下痕迹。然而普通物质不可能通过其自身的涨落形成实质上的结构而又不在宇宙微波背景辐射中留下痕迹，因为那时普通物质还没有从辐射中脱耦出来。

另一方面，不与辐射耦合的暗物质，其微小的涨落在普通物质脱耦之前就放大了许多倍。在普通物质脱耦之后，已经成团的暗物质就开始吸引普通物质，进而形成了我们观测到的结构。这需要一个初始的涨落，但是它的振幅非常非常的小。这个过程需要的物质就是冷暗物质，它因为是无热运动的非相对论性粒子而得名。

但是，目前所有关于暗能量的理论还不能合理解释目前已经认识的宇宙规律和现象。人们对与黑暗正相反的现象——光在理论上有一个限定，使人们对近在眼前的一个可能合理解释暗能量和暗物质的事物没有投入关注，这个事物就是光子的反物质。

科学遐想之一：
光子有反物质——暗子

反粒子是指一对粒子能发生湮灭反应，如正电子和负电子反应成为光子（图8-1），则正电子和负电子互为反粒子。所谓反物质是指与现在已经知道的物质的性质呈现相反性质的状态。正负、明暗都是相反的状态。

因为光子被定义为能量子，没有静止质量，不发生湮灭反应，为了符合对它性质的定位，经典量子物理认为：光子的反物质是光子本身，光子没有反粒子。

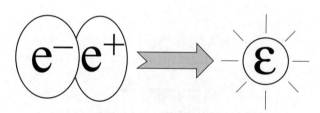

图8-1 正负电子湮灭成为光子

但是，我们不妨假设：光子也有反物质，姑且称之为"暗子"，只是它不是通常定义的"反物质"，光子与暗子碰撞不会湮灭，并且沿着相应的思路推导下去，暗物质和暗能量就立即有了解释。因为宇宙中布满的首先是暗"能量"，而宇宙在大爆炸后又恰有大量过剩的光子，除了参与电子与质子组装成元素而形成宇宙中少量的星体外，大量光子是以能量存在于宇宙中的，并且大部分转换成了暗子，形成暗能量，并有一部分组装出暗物质。

光子是独特的，这已经为我们能看到的宇宙和自然所证实。你"看见"，就只因为有了光子。你能用望远镜研究，也得益于光子。现在，我们可以认为，你看不见的暗物质也来源于光子。当它在宇宙向相反方向运动，速度呈现负数时，光子的自旋也发生转变，从而失去原来光子的"光明"，而具有负质量和负速度的性质。光子在宇宙诞生时也是从一个原点向四周发散的。与它同一时段先后诞生的还有其他一些基本粒子。正是这些基本粒子在随后的飞速碰撞中形成了元素。

光子是玻色子（自旋为1），属于玻色子的基本粒子还有介子、胶子等。基本粒子的自旋并不是固定有一个轴，其实是任意地翻转，表现其特性的也不是整数圈地转动，这些不停运动着的粒子依其转动的方式而具有了个性。同一种粒子因为不同的旋转方式而具有了不同的性质，这正是物质的本征之一，所有基本粒子都应该具有至少两种方向的自旋，没有理由认为有一种永远只朝着一个方向旋转。光子成为可见光只是这种最先形成的基本粒子的正向自旋的物性，它的另一些同类因为反向旋转而成为不可见的粒子，也就是暗子。

科学遐想之二：
暗子是暗物质组装信息传递的载体

因为光子参与了元素的形成与分子的组建，物质因为有光子而具备组装意识成为有分子结构的构成体，所有自然物质因为光子的参与而成为可见的。同理，暗子也依类似的原理而在暗物质的组装中发挥着传递组装信息的作用。

必须以与可见物质表现的宇宙完全不同的天体力学体系来认识暗物质，

它们不会依明物质的性质表达自己的存在，看不见、摸不着。它们占据全宇宙空间能量，这只是根据明物质不足以填充宇宙而得出的推论。它们以什么方式储存和释放能量仍然是未知数。

暗物质是明物质的反粒子态，这就提供了一个解读的思路，而具体的路径，则是从光子的反物质"暗子"入手，这在没有新的观测和新的理论支持暗物质研究的情况下，不失为一个可供参考的模型。

我们设想是暗子传递暗物质的组装信息，形成暗物质。暗物质（这里需要强调暗物质的"物质"二字切不可以用我们现在认识的物质来理解）以暗能量的形式传递物质之间的引力。这时它更像是一种场，一种"空间"。

人类对空间的认识经历了一漫长的过程。大气层中的这层"气"，就曾经是"无"，所以才取名为"空气"。直到18世纪对气体的研究导致氧气的发现，使人们进一步认识了空气。"空气"并不是空的，而是存在氧气等许多气体成分。随着空气动力学的发展，人们已经可以造出飞机在大气中自由飞翔。

这时人们也曾将太空又视为"无"的空间，认为太空是真空状态。真空状态被认为是从空间中除去了所有东西的一种状态，没有任何物质残留。宇宙就被认为是处在真空状态。

但是，根据爱因斯坦相对论，真空不是空的，真空中存在能量。早在牛顿时代，就有了引力理论，这种经典宇宙理论用引力建立起星球在宇宙中运行的规律。1990年诺贝尔物理奖得主弗利德曼对于宇宙作了两个非常简单的假定：我们不论往哪个方向看，也不论在任何地方进行观察，宇宙看起来都是一样的。弗利德曼指出，仅仅从这两个观念出发，我们就应该预料宇宙不是静态的。它在持续膨胀中。

利用多普勒效应，可由测量星系离开我们的速度来确定现在的宇宙膨胀速度。这可以非常精确地实现。然而，因为我们不是直接地测量星系的距离，所以它们的距离知道得不是非常清楚。所有我们知道的是，宇宙在每10亿年里膨胀5%至10%。人们对现在宇宙的平均密度测量得到的参数是令人怀疑的。我们如果将银河系和其他所有能看到的星系的恒星的质量加起来，甚至是按对膨胀率的最低的估值而言，其质量总量比用以阻止膨胀的临界值的1%还少。因此，在宇宙中应该有大量的"暗物质"，那是人们不能直接看到的，但由于它的引力对星系中恒星轨道的影响，我们知道它必定存在，它在以"引力"的方式影响着宇宙中星系的运行。也就是说，在我们认为的"真空"中，存在着能量和引力。我们知道在宇宙中能量和质量是等效的，因此，暗物质是以能量形式存在的，引力其实不是力，是暗能量，也可以是暗物质，它看不到，但是它存在。

这样一来，宇宙是均质的就说得通了，宇宙是由暗物质构筑的空间中运行着明物质构成的星系。它们是一个整体，这就是宇宙。

科学遐想之三：
宇宙物质的新图景

在对暗子、暗物质和暗能量有了一个定义后，我们可以进一步对新的宇宙图景进行推想。

我们将这种新宇宙图景放在坐标系来观察。在以速度和质量为坐标的体系中，我们以速度为纵轴，以质量为横轴，定义两轴相交的原点是宇宙爆炸时光子的起点（图8-2）。这张坐标示意图的背景是宇宙电磁辐射背景图，我们在第一章中就已经见到过（封面彩图）。

在第Ⅰ象限，光子以正能量和小于光速发散。当质量为零时，光速是它的极限，即纵轴的顶点。这也是这个象限的边界，可以理解为封闭宇宙的边界，继续扩散，宇宙就是开放的，是无限发散的。在我们可见的宇宙，这个过程最终组装出5%左右的实体物质和20%左右的能量，其它的75%以暗能量和暗物质的形式存在（三个有负值的象限，即Ⅱ、Ⅲ、Ⅳ象限）。现在从宇宙背景电磁辐射计算出的暗能量和物质，所占比例没有超过70%，这与光子在四个象限中的分布是基本相符的。

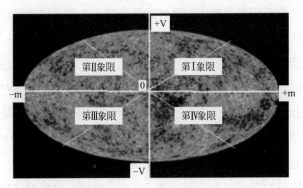

图8-2 宇宙物质在四个象限中的分布

我们可以这样来理解：光子的第一种运动状态（对应第I象限），从零质量到正质量和从零速到光速。光子的量子态是光速和正自旋为1，这是构成可见宇宙的形态，是现在人类认识的状态。即光子的正向能量所能产生的能量和物质，在25%左右。光子的这个状态所创造的奇迹我们已经有了详细的介绍。同时，基于这个认识，在这个量子态还会有更多惊人发现可以期待。

光子对应第二种运动状态（第II象限），是以零速度到光速、零质量到负质量的状态。光子在这个状态的旋转已经不是原来的状态，出现反向旋转态，呈现为负质量，无法观测到，表现为暗能量。在第III象限，光子是负速度和负质量状态。处在与第I象限完全相反的状态，光子完全表现为暗能量。在第IV象限，光子有负的速度和正的质量，这时光子的形态主要表现为暗物质，也有一部分暗能量。

根据这种图景，我们思考光子出现反物质的过程：

当光速下降至负数（另一种方向的速度），质量为零的光子出现负质量，这可设想为出现相反方向的自旋态，这就是光子的反粒子态，它将失去发光的性质，成为无光的状态。我们注意到量子理论将粒子的自旋定义为最重要的性质，定义了自旋的转数状态，没有定义自旋的方向（左旋还是右旋）。

这对于形成不同的形态的物质也许是有意义的。

我们在这里设想光子出现换方向的自旋，就出现了暗物质。这在大爆炸一开始就有可能或只有可能出现两种旋转态粒子，而不是所有粒子全都朝向一个方向旋转。同时，高速飞散的粒子随着温度下降而减速的过程中会出现碰撞，产生旋转转向的可能性同样是存在的，由此，在爆炸以后产生最大量的光子的同时，产生出大量暗子的可能性也就大大存在。根据对宇宙粒子密度的观测和计算，由于光子在出现聚集态后变得相对稀少（在第一象限凝聚到约5%），则宇宙中以负质量和负速度存在的暗物质就将充满其他3个象限（75%）。这也就能够解释会有大量暗物质存在的原因。

将光子的反物质定义为暗子，暗子形成暗物质，这为解释当代发现宇宙物质不合理分布给出了一个可能的模型。

参考文献

[1] 弗里德里希·克拉默. 混沌与秩序——生物系统的复杂结构[M]. 上海：上海科技教育出版社，2010

[2] 樱井弘. 元素新发现[M]. 北京：科学出版社，2006

[3] 阿西莫夫. 从元素到基本粒子[M]. 北京：科学出版社，1977

[4] 阿西莫夫. 亚原子世界探秘[M]. 上海：上海科技教育出版社，2011

[5] 比尔·布莱森. 万物简史. 南宁：接力出版社，2005

[6] 史蒂文·温伯格. 宇宙最初三分钟：关于宇宙起源的现代观点[M]. 北京：中国对外翻译出版公司，2015

[7] 保罗·戴维斯. 宇宙的最后三分钟[M]. 上海：上海科技出版社，2012

[8] 刘仁志. 微观世界的故事[M]. 北京：金盾出版社，2013

[9] 闫润卿，李英惠. 微波技术基础（第二版）[M]. 北京：北京理工大学出版社，1997

[10] 刘仁志. 神秘的信号[M]. 北京：金盾出版社，2014

[11] 彭建新等. 昆虫分子遗传学[M]. 武汉：华中师范大学出版社，2006

[12] 赫尔曼·哈肯. 协同学——大自然构成的奥秘[M]. 上海：上海译文出版社，2013

[13] Paras N·Prasad. 生物光子学导论[M]. 杭州：浙江大学出版社，2006

[14] 曹天元. 上帝掷骰子吗？量子物理史话[M]. 北京：北京联合出版公司，2013

[15] 迈克尔·J贝希. 达尔文的黑匣子[M]. 重庆：重庆出版社，2014

[16] 托马斯·库恩. 结构之后的路[M]. 北京：北京大学出版社，2012

[17] 爱德华滋，雅各布. 意识与潜意识[M]. 北京：北京大学出版社，2007

[18] 阿尔茨特. 动物有意识吗[M]. 北京：北京理工大学出版社，2004

[19] 陈钰鹏. 植物的意识.《新民晚报》,2013年4月24日

[20] 王浩. 关于生命科学的100个故事[M]. 南京：南京大学出版社，2014

[21] 瑞贝. 生物电化学系统：从胞外电子传递到生物技术应用[M]. 北京：科学出版社，2012

[22] 约翰·H·霍兰. 隐秩序——适应性造就复杂性[M]. 上海：上海科技教育出版社，2011

[23] H·哈肯. 信息与自组织（第二版）[M]. 成都：四川教育出版社，2010

[24] 克里斯蒂昂·莱韦克. 生物多样性[M]. 北京：科学出版社，2005

[25] 劳伦斯·普林西比. 科学革命[M]. 南京：译林出版社，2013

[26] 强红等. 生物超微弱发光现象及其应用[J]. 化学教育, 2006,（2）：6

[27] 刘颂豪等. 关于生物系统超微弱发光的实验研究 [J]. 激光与红外, 1992
（2）：12-16

[28] 林雅谷,胡森岐. 人体体表超微发光与若干生理状态关系的实验研究[J]. 上海
中医药杂志, 1983,（5）：37

[29] 刘仁志. 无处不在的力[M]. 北京：金盾出版社, 2014

[30] 杰拉德·波拉克. 水的答案知多少——水的第四相：不只是固态、液态和气态
[M]. 北京：化学工业出版社, 2015

[31] 坂田昌一. 新基本粒子观对话[M]. 北京：生活、读书、新知三联书店, 1965

[32] 布莱恩·克莱格. 量子纠缠[M]. 重庆：重庆出版社, 2011

[33] Paras N·Prasad. 生物光子学导论[M]. 杭州：浙江大学出版社, 2006

[34] 刘华杰. 浑沌之旅[M], 武汉：湖北科学技术出版社, 2016

[35] 伊利亚環普里戈金工. 确定性的终结——时间、混沌与自然法则[M]. 上海：上
海科技教育出版社, 2009

[36] 鲁格·凡·森特恩等. 2030技术改变世界[M]. 北京：中国商业出版社, 2011

[37] 张明龙, 张琼妮. 八大工业国创新信息[M]. 北京：知识产权出版社, 2011

[38] 五家建夫,宇宙環境リスク事典[M]. 东京：丸善株式会社出版サービスセン
ター, 2006

[39] 罗杰·彭罗斯. 通向实在之路——宇宙法则的完全指南[M]. 长沙：湖南科学技
术出版社, 2015

[40] 凯文·凯利. 科技想要什么[M]. 北京：中信出版社, 2011

[41] D·普赖斯. 巴比伦以来的科学[M]. 石家庄：河北科学技术出版社, 2010

[42] 汤川秀树. 人类的创造[M]. 石家庄：河北科学技术出版社, 2010

[43] 许良英,范岱年编译. 爱因斯坦文集,第一卷[M]. 北京：商务印书馆, 1976

[44] 丽莎·扬特. 现代天文学——拓展宇宙[M]. 上海：上海科学技术出版社, 2008

[45] 飞车来人. 看得见的相对论[M]. 北京：科学出版社, 2011

[46] 弗兰克·克洛斯. 反物质——从预言、科幻到现实[M]. 重庆：重庆大学出版
社, 2016

[47] 中科院国家空间中心等. 寻找暗物质——打开认识宇宙的另一扇门. 北京：科
学出版社, 2016

[48] 约翰·布罗克曼. 未来50年. 长沙：湖南科学技术出版社, 2018

后 记

我在本书写作接近完成、在寻找补充材料和求证一些更详实的观点时，从网上读到了玻姆的生平介绍。我承认，立即被这位经历不凡、思想独到的科学家所吸引，并且意识到我关于光子是物质意识的载体的推测，与他的多年研究和主张是异曲同工的。

在他的生平介绍中有这样一段话："玻姆雄辩的证明：科学本身要求一种新的、不分割的世界观。因为，把世界分割为独立存在着的部分的现行研究方法在现代物理学中是很不奏效的……业已证明：在相对论和量子理论中隐含的宇宙整体性观念，对于理解实在的普遍本性会提供一种序化程度极高的思维方法。"物质通过自组装趋向高度复杂和有序，人类自己就是最好的证明。

我的推测是说明有一种媒介来实现这种自组装过程，这就是光子。它的静止质量为零，这让它超越了人们的物质观。但它参与宇宙从诞生到进化的全过程，至今都持续在发挥作用。就像基因在非生命与生命之间起着媒介作用一样。对光子的新认识排除了一切神秘主义，包括解开了暗能量和暗物质的谜团。一系列新的观察和实验、应用课题得以展开，带来的创新性研究将是令人振奋的。

对于光子信息技术的应用，除了人们已经寄予很大期望的量子通信，一个将会有重要的进展的领域是光子生物学。已经取得了进展的是光遗传学技术的应用。正如我在第7章中指出的，这个领域的一个重要应用是"光子开关"可逆过程的实现。这对解释生命个体和群体之间的信息交流是非常重要的。值得投入资源进行深入的研究。

当然，一个好的理论不在于它能合理解释各种现象，而在于能在实践中得到证实。相信随着量子通信时代的来临，将会出现更多光量子是物质信息载体的实证。

这是值得关注和期待的。

最后，在这本书出版之际，非常感谢化学工业出版社的责任编辑。在这本书的写作过程中，他们提供了宝贵的建议，使本书增色不少。

刘仁志

2016年9月28日第二稿

2016年10月25日第三稿

2017年12月6日第四稿

2018年3月25日第五稿

作者电子邮箱：taso@vip.sina.com.